Exoplanetas
Salvador Nogueira

70

Exoplanetas
Salvador Nogueira

70

MYNEWS EXPLICA EXOPLANETAS
© Almedina, 2023
AUTOR: Salvador Nogueira

DIRETOR DA ALMEDINA BRASIL: Rodrigo Mentz
EDITOR: Marco Pace
EDITOR DE DESENVOLVIMENTO: Rafael Lima
COORDENADORAS DA COLEÇÃO MYNEWS EXPLICA: Gabriela Lisboa e Mara Luquet
ASSISTENTES EDITORIAIS: Larissa Nogueira e Letícia Gabriella Batista
ESTAGIÁRIA DE PRODUÇÃO: Laura Roberti

REVISÃO: Sol Coelho e Renata Bottiglia
DIAGRAMAÇÃO: Almedina
DESIGN DE CAPA: Roberta Bassanetto
IMAGEM DE CAPA: Freepik

ISBN: 9786554271899
Outubro, 2023

Dados Internacionais de Catalogação na Publicação (CIP)
(Câmara Brasileira do Livro, SP, Brasil)

Nogueira, Salvador
MyNews Explica exoplanetas / Salvador Nogueira
– São Paulo : Edições 70, 2023.
Bibliografia.
ISBN 978-65-5427-189-9
1. Astrofísica 2. Astronomia 3. Exoplanetas
4. Planetas 5. Sistema solar I. Título.

23-168054   CDD-520

Índices para catálogo sistemático:

1. Astronomia 520
Eliane de Freitas Leite - Bibliotecária - CRB 8/8415

Este livro segue as regras do novo Acordo Ortográfico da Língua Portuguesa (1990).

Todos os direitos reservados. Nenhuma parte deste livro, protegido por copyright, pode ser reproduzida, armazenada ou transmitida de alguma forma ou por algum meio, seja eletrônico ou mecânico, inclusive fotocópia, gravação ou qualquer sistema de armazenagem de informações, sem a permissão expressa e por escrito da editora.

EDITORA: Almedina Brasil
Rua José Maria Lisboa, 860, Conj.131 e 132, Jardim Paulista | 01423-001 São Paulo | Brasil
www.almedina.com.br

Apresentação

Zelar pela informação correta de boa qualidade com fontes impecáveis é missão do jornalista. E nós, no MyNews, levamos isso muito a sério. No século 21, nosso desafio é saber combinar as tradicionais e inovadoras mídias, criando um caldo de cultura que ultrapassa barreiras.

A nova fronteira do jornalismo é conseguir combinar todos esses caminhos para que nossa audiência esteja sempre bem atendida quando o assunto é conhecimento, informação e análise.

Confiantes de que nós estaremos sempre atentos e vigilantes, o MyNews foi criado com o objetivo de ser plural e um *hub* de pensamentos que serve como catalisador de debates e ideias para encontrar respostas aos novos desafios, sejam eles econômicos, políticos, culturais, tecnológicos, geopolíticos, enfim, respostas para a vida no planeta nestes tempos tão estranhos.

A parceria com a Almedina para lançar a coleção MyNews Explica vem de uma convergência de propósitos.

A editora que nasceu em Coimbra e ganhou o mundo lusófono compartilha da mesma filosofia e compromisso com o rigor da informação e conhecimento. É reconhecida pelo seu acervo de autores e títulos que figuram no panteão de fontes confiáveis, medalhões em seus campos de excelência.

A coleção MyNews Explica quer estar ao seu lado para desbravar os caminhos de todas as áreas do conhecimento.

Mara Luquet

Sumário

1. Uma Breve História dos Mundos 17

   Nasce a matéria 20
   Obrigado, flutuações quânticas 22
   Impressionantes bolas de gás 24
   O que é uma estrela? 26
   Da simplicidade à variedade 31

2. Nasce o Sistema Solar 37

   Conheça os vizinhos 42
   Início turbulento 48
   Na terra de gigantes 51
   Eis um planeta habitável – ou dois (ou três) . . . 53
   A saga da vida 58

3. Meio Milênio de Revolução Copernicana 65

   Os vagabundos 67
   Avanços tecnológicos 70
   Indo além de Copérnico 75
   Alarme falso dos planetas extrassolares 80

8 | MYNEWS EXPLICA EXOPLANETAS

4. Projetos e Métodos Para Caçar Exoplanetas 85

Medição da velocidade radial 87
Fotometria de trânsitos planetários 95
Microlentes gravitacionais 103
Imageamento direto 108
Astrometria e outras ideias 112

5. Diversidade na Arquitetura de Sistemas Planetários 115

Por qualquer outro nome 121
(Quase) tudo provisório 126
Quatro arquiteturas 128

6. Caracterização e Habitabilidade 135

Processo de auto-organização 139
O "vale" entre superterras e mininetunos 141
A temperatura importa 144

7. O Futuro dos Exoplanetas 159

Completando o censo 164
O futuro do futuro e o estudo de outras terras . . 167

Referências 173

Introdução

Após séculos de especulação e décadas de falsas largadas, em 1º de novembro de 1995 o periódico científico *Nature* trouxe em suas páginas o artigo "A Jupiter-mass companion to a solar-type star" (*Um companheiro com a massa de Júpiter de uma estrela de tipo solar*). Escrito por dois pesquisadores, os suíços Michel Mayor e Didier Queloz (então respectivamente orientador e doutorando na Universidade de Genebra), o texto era cuidadoso em suas afirmações. O título não mencionava o termo "planeta". No resumo, os astrônomos lembravam a estranheza do achado e outras possíveis interpretações para ele:

> "A presença de um companheiro da massa de Júpiter da estrela 51 Pegasi é inferida de observações de variações periódicas na velocidade radial da estrela. O companheiro fica a apenas oito milhões de quilômetros da estrela, o que seria bem interior à órbita de Mercúrio em nosso Sistema Solar. Este objeto poderia ser um planeta gigante gasoso

que migrou para este local por evolução orbital ou pela erosão de radiação de uma anã marrom."

Trepidante ou não, o achado (anunciado em 6 de outubro daquele ano e confirmado de forma independente por outros dois grupos de astrônomos nos EUA em menos de uma semana) hoje é celebrado como o grande marco na busca pelos chamados exoplanetas – ou planetas extrassolares –, objetos análogos aos mundos que orbitam o Sol, mas em torno de outras estrelas. Ele garantiu à dupla o prêmio Nobel em Física em 2019 e iniciou aquele que talvez seja o campo mais fascinante de toda a astronomia. É verdade que há muitas coisas interessantes a se explorar no cosmos, a começar por sua própria origem, mas se existe algo que se conecta conosco em nível pessoal, íntimo, é a noção de incontáveis planetas orbitando incontáveis estrelas, abrigando possibilidades e potencialidades virtualmente infinitas, entre as quais a de que não estamos sozinhos a contemplar a vastidão do Universo.

É uma reflexão que remonta pelo menos ao século 16. Em 1584, o filósofo italiano Giordano Bruno (1548-1600), inspirado pelas novas ideias de Nicolau Copérnico, segundo as quais a Terra seria apenas mais um planeta, dentre os vários que orbitam o Sol, redigiu *Sobre o Universo Infinito e Seus Mundos*, deixando claro que, para ele, a hipótese heliocêntrica era apenas um modesto ponto de partida. Bruno especulou que o Sol em si também fosse apenas mais uma estrela, das tantas visíveis no céu noturno – aparentemente tão menores por estarem muito mais distantes. Ele escreveu: "Há incontáveis sóis e uma infinidade de planetas que circulam em torno de seus sóis como os nossos sete planetas circulam em torno do nosso." O ousado pensador também sugeriu que esses mundos sem fim, num universo igualmente infinito, seriam habitados por criaturas similares às que vivem na Terra.

O leitor pode estranhar a contagem de sete planetas, mas a Lua na época também era tratada como planeta e incluída na lista. Urano e Netuno, só visíveis ao telescópio, ainda não haviam sido descobertos. Portanto, Bruno ali se referia a Mercúrio, Vênus, Terra, Lua, Marte, Júpiter e Saturno. Palavra originária do grego, "planeta" significa "errante", e era usada pelos estudiosos durante o longo período em que prevaleceu o geocentrismo (hipótese segundo a qual a Terra estava imóvel no centro do Universo, e tudo mais girava ao redor dela) para designar todos os corpos celestes que não seguiam o mesmo movimento padronizado das "estrelas fixas". Com a revolução copernicana, os astrônomos passaram a designar como planetas os objetos de grande porte em órbita do Sol. Somente em 2006, contudo, a União Astronômica Internacional (UAI) produziu uma definição científica oficial de planeta, o que levou à recategorização de Plutão como planeta anão.

Isso, por sinal, deve chamar a atenção. Estamos estudando planetas, seja segundo o modelo geocêntrico ou o heliocêntrico, há milhares de anos. E foi preciso todo esse tempo para criarmos uma definição oficial – justamente porque nosso conhecimento cada vez mais aprofundado começou a turvar o conceito vago usado até então.

Hoje, pela UAI, um astro pode ser classificado como planeta se preencher três requisitos:

1) estar orbitando o Sol;
2) ter massa suficiente para atingir equilíbrio hidrostático (cientifiquês para "ter forma aproximadamente esférica");
3) ter "limpado a vizinhança" de sua órbita.

Plutão caiu por preencher os dois primeiros requisitos, mas não o terceiro – ele coabita uma região orbital onde há um cinturão de objetos, alguns dos quais muito parecidos com ele.

Essa classificação oficial ainda é tida como controversa por alguns cientistas, por não depender apenas das características intrínsecas de cada objeto, mas de seu contexto e evolução orbitais. Agora, imagine você a dificuldade para criar uma definição precisa para exoplanetas, o equivalente dos planetas, mas aplicado a todo o resto do Universo além do Sistema Solar.

A dificuldade aumenta porque, como Mayor e Queloz demonstraram já em seu achado pioneiro, a diversidade lá fora é muito maior. Se tem algo que marcou os últimos trinta anos de pesquisa sobre objetos de porte planetário espalhados pelo cosmos é o fato de que eles abrigam variabilidade muito mais vasta do que a encontrada nos exemplares conhecidos de nosso próprio quintal na Via Láctea.

A despeito dos entraves, cientistas precisam de definições. Para preencher a lacuna, o máximo que a UAI teve coragem de fazer foi criar, em 2018, uma "definição de trabalho" para exoplanetas. Para a instituição, todos os objetos com massa abaixo do limite para fusão termonuclear de deutério (atualmente calculado como 13 vezes a massa de Júpiter para objetos de metalicidade solar) que orbitem estrelas, anãs marrons ou remanescentes estelares, e que tenham uma massa máxima de quatro centésimos do objeto central são considerados exoplanetas, independentemente de como se formaram. Além disso, precisam preencher o requisito do equilíbrio hidrostático, ou seja, serem aproximadamente redondos, e terem presença suficiente para, a exemplo dos planetas solares, "limpar a vizinhança" de sua órbita.

Esses critérios todos, evidentemente, são uma conveniência pessoal nossa, de nossos cientistas, para que todos estejam de acordo quando se referem a um determinado tipo de objeto. Eles são desenhados para separar estrelas de estrelas abortadas (as chamadas anãs marrons), e essas, de planetas (que, por sua vez, são naturalmente delineados pelos exemplares que temos no Sistema Solar, um arranjo hoje sabidamente limitado para representar tudo que há lá fora).

A natureza, porém, pouco se importa com nossas classificações e tem o (ótimo) hábito de desafiá-las constantemente, nos forçando a melhorar sempre para descrever de forma mais acurada o que vemos ao nosso redor. Uma ciência tão longeva como a astronomia certamente vem reformando suas definições há muito tempo, o que acaba tornando anacrônicos os nomes originais dados a certos objetos. Com efeito, vamos nos deparar com várias dessas situações ao longo deste livro, e é importante que você se acostume a essa ideia e leve-a consigo depois que terminarmos. Também não se preocupe se algo mencionado nas definições acima não estiver agora totalmente claro – espero que, ao final do livro, essa situação se remedie.

Vamos começar nossa jornada pela ciência dos exoplanetas com a mãe de todas as perguntas: como o Universo, nascido de um Big Bang, chegou a um estado capaz de produzir mundos como o nosso? Este será o tema do primeiro capítulo. No segundo, trataremos da origem do Sistema Solar e como ela propiciou o surgimento da vida, ao menos neste nosso cantinho do Universo, até desembocar em criaturas inteligentes o suficiente para quererem entender de onde vieram.

No terceiro capítulo, abordaremos a jornada intelectual do último meio milênio para entender a natureza heliocêntrica do Sistema Solar, absorver o conceito de que a Terra era não o centro do Universo, mas apenas um planeta de muitos a orbitar o Sol, e este apenas uma das incontáveis estrelas existentes no cosmos. No quarto, falaremos da transição entre as especulações científicas e filosóficas para os fatos estabelecidos, com a descoberta dos primeiros exoplanetas e uma exploração dos diversos métodos – complementares entre si e talhados por limitações – que temos para encontrá-los por aí.

A partir do quinto capítulo, entraremos em terreno menos seguro, ao explorarmos o que já pudemos aprender sobre como planetas se formam e como as diferentes arquiteturas possíveis emergem nos mais variados sistemas planetários. O sexto capítulo focará os esforços dos astrônomos em caracterizar de forma mais detalhada esses mais de 5 mil mundos já descobertos para além de parâmetros elementares, como o tempo que levam para dar uma volta ao redor de sua estrela ou seu tamanho. E o sétimo dará uma olhadinha no porvir, com o que podemos esperar, em termos de descobertas e revelações, nas próximas décadas. *Spoiler:* será incrível.

Permeando toda essa história, algumas ideias são especialmente importantes: a noção de que, a despeito de terem origem comum (baseada em processos naturais decorrentes da formação de estrelas e, em última análise, nas mais elementares leis da física), os sistemas planetários são moldados por processos caóticos e essencialmente históricos – cadeias de eventos, às vezes fortuitos, às vezes inevitáveis, que levam a desfechos inteiramente diferentes. Daí emerge a incrível diversidade entre eles, manifestada não só nas arquiteturas gerais como na individualidade de cada planeta. Em nosso Sistema Solar, nenhum planeta é exatamente igual ao outro, embora guardem certas similaridades entre si. Diversidade ainda maior nos aguarda no terreno dos mundos extrassolares, o que torna seu estudo ainda mais fascinante e desafiador.

Sem mais delongas, vamos a eles?

1. Uma Breve História dos Mundos

A história de como surgiram os primeiros planetas do Universo é, na prática, a saga de como ele deixou de ser um lugar simples e sem graça e passou a ser complexo e interessante – tão interessante que, com o tempo, foi capaz de dar origem a criaturas que contemplariam tudo ao seu redor, tentariam compreender o que se passa e escrevem livros a respeito. Como representantes dessa categoria peculiar de seres vivos, já podemos dizer a essa altura, com certo orgulho, que avançamos um bom pedaço na busca por essas respostas.

Sabemos, por exemplo, que o Universo, tal qual o conhecemos hoje, surgiu aproximadamente 13,8 bilhões de anos atrás, a partir de um evento que ficou conhecido como Big Bang – um apelido pejorativo que acabou colando, dado por um dos detratores da ideia, o astrofísico britânico Fred Hoyle (1915-2001). Foi o jeito mais simplório que ele encontrou para descrever a ideia (absurda, em sua concepção) de que tudo que vemos hoje em todos os cantos do cosmos começou reunido em um ponto extremamente quente, denso e compacto.

Na época em que Hoyle tecia suas críticas (a entrevista à rádio BBC em que usou a expressão "Big Bang" pela primeira vez foi ao ar em 1949), ainda havia dúvidas razoáveis sobre essa origem bombástica, a despeito de sua consequência mais óbvia já ser aparente para os astrônomos desde as primeiras décadas do século 20: o peculiar fato de que a maior parte das galáxias pareciam estar se afastando de nós a grandes velocidades. E mais: quanto mais distante parecia estar uma galáxia, mais depressa ela parecia correr de nós, correlação que acabou conhecida como a lei de Hubble — ou, mais modernamente, lei de Hubble-Lemaître, em reconhecimento ao padre e físico belga Georges Lemaître (1894--1966), que predisse esse fenômeno em 1927, embora poucos tenham tomado conhecimento de seu trabalho na época. A constatação ganhou amplo suporte em 1929, quando o americano Edwin Hubble (1889-1953) publicou resultados robustos de observações que demonstravam esse efeito.

É como se as galáxias fossem estilhaços de uma grande explosão, viajando em todas as direções. Sugestivo, mas não conclusivo. O que realmente sedimentou o Big Bang como uma realidade física de difícil contestação foi uma descoberta acidental feita pelos americanos Arno Penzias e Robert Wilson, nos Bell Labs, em 1965. Eles detectaram uma sutil radiação vinda de todas as partes do céu, com energia baixíssima (temperatura de 2,7 Kelvin, o equivalente a apenas 2,7 graus Celsius acima do zero absoluto), que viria a ser conhecida como radiação cósmica de fundo em micro--ondas. É, em essência, a primeira luz que teve a chance de viajar livremente pelo Universo desde o Big Bang.

Sua existência havia sido prevista por Ralph Alpher (1921-2007), Robert Herman (1914-1997) e George Gamow (1904-1968) em 1948, como consequência inescapável do início muito quente e denso do Universo. Fato é que não há hipótese alternativa convincente para explicar esse fenômeno.

Fred Hoyle, o crítico da teoria que ajudou a batizar, defendia um modelo alternativo, chamado de teoria do estado estacionário. Nele, mais matéria era criada espontaneamente o tempo todo pelo Universo, gerando novas galáxias em meio à expansão cósmica e explicando as observações expressas na lei de Hubble-Lemaître sem recorrer a um início explosivo – por essa lógica, o Universo poderia estar eternamente em expansão, sem que tenha tido um momento inicial, e sua aparência seria aproximadamente a mesma em qualquer momento do tempo. Havia, contudo, um detalhe fatal: ele não comportava a existência de uma radiação cósmica de fundo.

Figura 1. Imagem do campo ultraprofundo do Telescópio Espacial Hubble, obtida em 2004; quase tudo nela são galáxias – umas 10 mil delas, todas se afastando de nós. Quanto mais distantes, mais rápido se afastam, sintoma do Big Bang.
[CRÉDITO: NASA, ESA, S. Beckwith (STScI) e a equipe do HUDF]

Com a descoberta desse fundo de baixa energia em micro-ondas, Penzias e Wilson ganharam o Prêmio Nobel em Física de 1978 e sedimentaram a realidade do Big Bang. Claro, ainda havia (como há) muitos detalhes a preencher em nosso modelo cosmológico (que descreve a evolução do Universo desde o Big Bang até hoje, projetando-a ainda para o futuro), bem como muitos mistérios a serem solucionados, mas esse é assunto para outro livro inteiro. Aqui, estamos concentrados em saber como esse início muito quente e denso foi se tornando mais interessante a ponto de gerar planetas, que eventualmente seriam habitáculos para criaturas como nós. E felizmente essa parte da história já é bem conhecida.

Nasce a matéria

Uma última coisa que precisamos repassar antes de seguir adiante é que, ao contrário do que a imagem mental típica do Big Bang pode sugerir, o surgimento do Universo não é composto por uma explosão de matéria e energia que parte de um ponto inicial para ocupar espaço vazio ao redor. Esse processo na verdade é uma expansão do próprio espaço (ou, mais apropriadamente, do espaço-tempo, que combina as três dimensões espaciais – largura, comprimento e altura – à dimensão temporal), com a diluição do seu conteúdo, antes totalmente concentrado em um ponto minúsculo.

Essa noção torna o processo todo do que viria depois muito mais compreensível. Partimos de um momento inicial em que há enorme concentração de energia em espaço muito, muito diminuto (talvez até infinitesimalmente pequeno, se levarmos as equações da teoria da relatividade geral às últimas consequências), e a expansão dá início a um processo de diluição e de consequente resfriamento.

Entre o instante inicial e o momento em que uma expansão rápida e brutal permitiu uma redução de temperatura a ponto de iniciar a formação de partículas e então permitir que algumas dessas partículas (quarks e glúons) pudessem se reunir nos primeiros prótons e nêutrons, passou-se apenas um milionésimo de segundo. Conforme o esfriamento e a expansão prosseguiram, nos primeiros minutos, esses prótons e nêutrons começaram a se combinar, formando os primeiros núcleos atômicos: hidrogênio (próton livre), deutério (versão do hidrogênio com um próton e um nêutron) e hélio (dois prótons e um ou dois nêutrons). Era a chamada nucleossíntese do Big Bang, que durou por apenas uns vinte minutos, até que o Universo estivesse frio demais para continuar produzindo novos elementos. Quando o processo terminou, o cosmos tinha um inventário de cerca de 75% de massa em hidrogênio simples, e 25% de hélio-4 (dois prótons e dois nêutrons), com alguma sobra de deutério e hélio-3 e quantidades traço de lítio, o terceiro elemento da tabela periódica, com três prótons no núcleo.

A essa altura, o Universo era composto por um plasma diluído de alta energia, com elétrons e núcleos atômicos vagando com grande velocidade, aguardando o processo de resfriamento causado pela paulatina expansão. Nesse ambiente, a luz tinha enorme dificuldade para transitar, logo trombando com alguma partícula, sendo absorvida e reemitida. Na prática, a luz estava "presa" nessa gororoba cósmica primordial, o que só mudaria cerca de 379 mil anos após o Big Bang, quando a temperatura caiu o bastante para que elétrons e núcleos pudessem se reunir nos primeiros átomos completos. Foi aí que a luz teve a primeira chance de fluir. Estamos falando de partículas luminosas de alta energia, mas que viajariam pela imensidão do cosmos em expansão e seriam detectáveis até hoje, na forma da radiação de fundo em micro-ondas – o eco luminoso do início quente e dramático do Universo. Era o fim da chamada era das trevas cósmica.

Obrigado, flutuações quânticas

Repare que, passados meros 379 mil anos, o Universo não era muito mais que uma sopa sem graça de hidrogênio e hélio. E provavelmente não passaria disso se não fossem pequenas inomogeneidades existentes lá no comecinho, quando o cosmos teve seu crescimento explosivo e exponencial, antes de se acomodar à taxa de expansão mais modesta que governou seu desenvolvimento após a primeira fração de segundo.

Essas pequenas flutuações são uma consequência inevitável da mecânica quântica, teoria que rege as interações entre campos e partículas e contempla praticamente todas as forças conhecidas da natureza, menos a gravidade (são elas a força nuclear forte, que mantém núcleos atômicos coesos, a força nuclear fraca, responsável por certos processos de decaimento radioativo, e a força eletromagnética, transmitida pelos fótons, partículas de luz).

Mínimas no começo, essas flutuações acabaram infladas junto com todo o resto, e o resultado foi que, com a expansão, a matéria acabou distribuída de forma inomogênea. Resultado: alguns lugares com maior presença de matéria (e, portanto, gravidade) e outros imensamente vazios. Eram as sementes para a formação das galáxias, de início não muito mais que vastas e diluídas nuvens de gás. A essa altura, a regência da evolução do Universo troca de mãos: sai da mecânica quântica, que opera em geral na escala do muito pequeno, e passa à gravidade, força muito menos intensa que as outras e que, por isso mesmo, só se faz sentir quando as escalas e as proporções são maiores (uma comparação simples e bonita dessa diferença de escala é, por exemplo, o uso de um ímã para fazer levitar um pequeno objeto metálico aqui na Terra; o magnetismo modesto que atrai o objeto para cima está sobrepujando a força gravitacional produzida pela massa do planeta inteiro!).

Figura 2. Imagem de céu inteiro da radiação cósmica de fundo em micro-ondas, registrada pelo satélite Planck. As cores indicam variações em torno da temperatura média de 2,7 K. Foram essas pequenas flutuações, originadas pela mecânica quântica e impressas na primeira luz do Universo, que deram origem às galáxias.
[CRÉDITO: ESA e Colaboração Planck]

A partir das sementes que dariam origem às galáxias, a gravidade pôde fazer seu trabalho, com matéria atraindo matéria e tornando as concentrações de gás nas nuvens de matéria primordial do Big Bang cada vez mais desiguais. É dessa concentração crescente, promovida pela gravidade, que nasceriam as primeiras estrelas.

Impressionantes bolas de gás

Ainda não temos uma visão observacional clara de como eram as primeiras estrelas do Universo. Isso porque provavelmente todas elas já se foram muito, muito tempo atrás. O único modo de procurar sinais delas é vasculhando as profundezas do cosmos, muito além da nossa própria galáxia, a Via Láctea. Quanto mais longe olhamos, mais antiga é a visão do Universo que temos, pelo simples fato de que a luz, embora seja a coisa mais rápida que existe ao viajar pelo vácuo, ainda assim trafega a uma velocidade finita: 300 mil km/s. Ela pode dar sete voltas e meia na Terra em um único segundo, o que parece muito, mas ainda é modesto diante de 13,8 bilhões de anos de expansão cósmica. Se observamos um objeto que parece estar a 10 mil anos-luz de distância, estamos vendo agora a luz que partiu dele há 10 mil anos, refletindo como ele se parecia naquela época. Se observamos um objeto que parece estar a 1 bilhão de anos-luz de distância, podemos saber como ele era há 1 bilhão de anos. Daí vem a ambição de enxergar cada vez mais longe – estamos usando a viagem da luz como uma máquina do tempo para ver como o Universo era bilhões de anos atrás.

Ao mergulharmos nas primeiras centenas de milhões de anos após o Big Bang, algo que está sendo feito pelo Telescópio Espacial James Webb, lançado em 2021 pelas agências espaciais americana (NASA), europeia (ESA) e canadense (CSA), estamos em busca da luz que teria partido das primeiras estrelas.

1. UMA BREVE HISTÓRIA DOS MUNDOS | 25

Há um motivo muito bom para querermos dar uma olhada nelas. Elas devem ter sido muito diferentes das que temos hoje por aqui. Para começar, foram inteiramente feitas de hidrogênio e hélio, sem qualquer "poluição" significativa de outros elementos químicos. Também nasceram numa época em que havia menos radiação circulante (fora a luz do fundo cósmico, o eco do Big Bang, não havia outras fontes de luz, já que elas seriam as pioneiras), mas num ambiente mais "quente" que o atual (a radiação cósmica de fundo tinha mais energia naquela época, quando o Universo ainda não havia se expandido tanto quanto agora). E a maioria dos astrônomos acredita que pelo menos muitas delas, senão todas, tinham tamanhos colossais, com muito mais massa do que as que temos atualmente.

Os astrônomos têm até um nome específico para essa primeira geração de estrelas: População III. Ué, não deveria ser População I? É um dos muitos, muitos nomes enganosos que a astronomia vem adotando para os fenômenos ao longo dos anos. Como se trata de uma ciência nascida da observação, muitas vezes os nomes nascem quando ainda não havia uma boa noção do que estava sendo visto. Quando Tycho Brahe (1546-1601) e Johannes Kepler (1571-1630) viram, respectivamente em 1572 e 1604, o que pareciam ser novas estrelas no céu, jamais mapeadas antes, chamaram de forma aparentemente apropriada de "novas". No fim, acabamos reclassificando as duas como supernovas, e a essa altura sabemos que, longe de ser astros novos, estamos falando de estrelas velhas que explodiram.

Da mesma maneira, quando as primeiras nebulosas planetárias foram assim batizadas, no fim do século 18, ganharam esse nome porque lembravam a aparência de planetas com os limitados telescópios da época. Hoje sabemos que são nuvens de gás ejetadas por estrelas moribundas e não têm qualquer ligação com planetas. Mas o nome ficou. Então por que População III? Porque no começo do século 20 os astrônomos dividiram as estrelas observáveis da nossa Via Láctea em duas categorias: a População I, composta majoritariamente por estrelas mais brilhantes distribuídas na região dos braços espirais, e a População II, de estrelas menos brilhantes, localizadas no bojo central da galáxia e nos aglomerados globulares espalhados pela periferia galáctica. As duas populações se distinguiam de forma importante em sua composição: a População I tinha quantidade relativamente grande de elementos químicos pesados em sua composição. A População II tinha quantidade mais baixa. E então, em 1978, decidiram adicionar uma terceira população hipotética, a III, para responder pelas estrelas totalmente livres de elementos pesados – como necessariamente precisam ter sido as primeiras estrelas do Universo, já que então só havia hidrogênio e hélio. Essa característica, a quantidade relativa de elementos pesados, é um dos parâmetros essenciais das estrelas, com consequências importantes para a formação de planetas ao seu redor. É a chamada metalicidade (já virou piada a essa altura, mas é verdade que, para os astrônomos, tudo que não é hidrogênio e hélio é genericamente chamado de "metal", embora, para os químicos, a história não seja bem essa).

O que é uma estrela?

Pense numa bola de gás que vai crescendo, crescendo, crescendo, juntando mais e mais matéria, por força da gravidade, tornando-se um objeto tão colossal que, em seu interior, a pressão e a temperatura atingem tamanha escala

1. UMA BREVE HISTÓRIA DOS MUNDOS | 27

que começam a fazer os núcleos atômicos de hidrogênio em seu interior grudarem uns nos outros. Esse processo, chamado de fusão nuclear, é uma potente fonte de energia. Isso porque um núcleo atômico de hélio, o segundo na tabela periódica, é um pouco mais leve que a soma de seus componentes primordiais. A massa faltante é convertida em energia, seguindo a clássica equação de Einstein: $E = mc^2$. Ou "energia equivale à massa multiplicada pelo quadrado da velocidade da luz". Mesmo sendo uma pequena quantidade de massa perdida, ao multiplicar por esse número enorme que é o quadrado da velocidade da luz, a energia é colossal. Ela é emitida na forma de luz (mais especificamente, raios gama altamente energéticos), que vai trombando com as camadas superiores da estrela, sendo absorvido e reemitido, até finalmente chegar à superfície estelar (chamada de fotosfera) e então poder viajar livre pelo espaço.

Quando o coração da estrela chega à temperatura e pressão críticas para manter um processo de fusão nuclear, ela se estabiliza. Se até então era uma protoestrela que meramente engolia mais e mais matéria, que gerava mais e mais gravidade e a fazia se comprimir cada vez mais, ao "acender" (e deixar o estado protoestelar para se tornar uma estrela propriamente dita), ela gera uma pressão de radiação que vem de dentro para fora e compensa a gravidade doida por esmagá-la. Além de lhe conferir brilho, a radiação emanada dela, composta por fótons com variados níveis de energia, bem como uma torrente de partículas de matéria (o chamado vento estelar), tende a dissipar o gás circundante. A estrela para de crescer e entra em sua fase, digamos, adulta, que os astrônomos chamam de "sequência principal".

No caso das estrelas de População III, acredita-se que suas características peculiares permitiam que elas chegassem a tamanhos colossais, com centenas a milhares vezes mais massa que o Sol, nosso modesto astro-rei. E por que não há ainda estrelas como elas em nossas redondezas? Eis uma das características mais curiosas e contraintuitivas da vida das estrelas: quanto maiores são, menos vivem (ou, dizendo de uma forma que astrônomos prefeririam, menos tempo passam na sequência principal).

Isso acontece por duas razões: uma limitação intrínseca do processo de fusão nuclear, e a dinâmica interna da estrela em razão de sua massa.

Começando pela primeira parte: o hidrogênio disponível no núcleo de cada estrela, embora inicialmente muito abundante, vai se tornando mais escasso com o passar do tempo. Chega um momento em que a quantidade é insuficiente para manter a fusão. Resultado: a força de dentro para fora que compensa a gravidade da estrela, pressionando de fora para dentro, diminui. Com isso, o núcleo se esmaga mais e atinge temperatura mais alta, capaz de passar a fundir hélio, o próximo elemento. A partir daí, a estrela já está fora da sequência principal, caminhando para o seu final. A maioria delas, que são as de baixa massa, param por aí. Mas estrelas de alta massa (oito vezes a do Sol ou mais) têm gravidade tão poderosa que podem seguir na escadinha da fusão nuclear, produzindo elementos cada vez mais pesados. A partir do hélio, surgem carbono, neônio, oxigênio, silício, subindo a ladeira da tabela periódica – até chegarem ao ferro. Esse elemento tem uma peculiaridade: a partir dele, qualquer processo de fusão gasta mais energia do que gera. Resultado: a estrela entra em colapso. Seu núcleo é esmagado sem dó pela gravidade, e ela explode violentamente suas camadas superiores, detonando como – você adivinhou – uma supernova.

Moral da história: mesmo para estrelas muito craques em fusão nuclear, como é o caso das maiores, há limites para o processo.

E aí entra em cena também o segundo aspecto: como funciona uma estrela por dentro. Sua massa e, portanto, sua gravidade vão determinar até quanto o núcleo estelar esquenta, ditando o ritmo da fusão. Estrelas com mais massa têm temperaturas maiores (logo, são mais brilhantes) e consomem seu combustível mais rápido. Estrelas menores farão a queima de seu hidrogênio mais devagar e se beneficiam mais do processo de convecção em seu interior. Manja aquela coisa de "o ar quente sobe, o ar frio desce"? Pois é. Vale para a nossa atmosfera, vale para o interior do nosso planeta e vale para as camadas internas de uma estrela também. Os processos de convecção permitem que hidrogênio "fresco" das camadas superiores chegue ao núcleo, reavivando o processo de fusão nuclear. Contudo, a convecção é um mecanismo de transferência muito melhor para pequenas estrelas. Resultado: enquanto estrelas com um quarto da massa solar são capazes de usar praticamente todo o seu hidrogênio, e isso em "fogo brando", estrelas maiores queimam um percentual bem menor (espera-se que o Sol, por exemplo, possa usar cerca de 10% de seu hidrogênio para fusão).

Tudo isso se combina para fazer com que, quanto maior uma estrela, menos ela viva. No caso das gigantescas estrelas de População III, cálculos sugerem que elas devem ter vivido apenas algo como 2 milhões a 5 milhões de anos, no máximo. É muito pouco para que ainda as vejamos por aí em nossa vizinhança, 13,8 bilhões de anos após o Big Bang.

Em compensação, é curioso pensar que todas as estrelas com menos de 85% da massa do Sol, não importa que idade tenham, ainda não tiveram a chance de sair da sequência principal – e algumas, com baixa massa, podem passar 1 trilhão de anos ou mais em sua "vida útil". Para essas estrelas de "fogo brando", o Universo ainda é superjovem. Nosso Sol tem uma vida útil total estimada em algo em torno de 10 bilhões de anos, o que significa que as estrelas mais antigas similares a ele já bateram as botas.

A principal estratégia para observar sinais das primeiras estrelas do Universo, perseguida atualmente pelo Telescópio Espacial James Webb, é observar as galáxias mais distantes possíveis. Como essas estrelas pioneiras tendem a ser maiores, mais quentes e brilhantes, sua assinatura conjunta na luz dessas galáxias deve ter traços que as distingam. Com efeito, em 2022, ainda no início de suas operações, o Webb fotografou algumas das galáxias mais distantes já vistas. A luz que agora nos chega partiu delas entre 13,4 bilhões e 13,5 bilhões de anos atrás, remetendo à infância do Universo. E aparentemente há um brilho maior do que o esperado, o que pode indicar ou que estamos vendo a luz dessas estrelas primordiais, ou que as galáxias cresceram e se estruturaram mais depressa do que antes se imaginava (possivelmente uma combinação das duas coisas).

E quanto a planetas? Sabemos que eles comumente são subproduto da formação de estrelas, mas esses astros de População III não poderiam tê-los. Primeiro porque são grandes demais, e esses astros são muito "furiosos" (quentes e brilhantes) para permitir que mundos se coalesçam ao redor deles. Segundo porque, ainda que houvesse estrelas de menor porte na População III (e há astrônomos que defendem que é possível que existam), não haveria lá muita matéria-prima capaz de produzir planetas ao redor. Sem elementos mais pesados, não haveria rochas ou metais para formar os núcleos em torno dos quais nasceriam os planetas. Talvez, no limite, pudesse haver planetas gigantes gasosos feitos inteiramente de hidrogênio e hélio, mas explicar como poderiam ter se formado não é tarefa das mais simples. De toda forma, as estrelas pioneiras teriam um papel fundamental para o futuro dessa saga – graças à sua fusão nuclear furiosa e posterior detonação, elas seriam responsáveis por semear nuvens de gás circundantes com elementos pesados, como carbono, oxigênio, silício, fósforo, enxofre, ferro... e até aqueles além do ferro, produzidos pela violência das explosões de supernovas. Quando o astrônomo Carl Sagan (1934-1996) dizia que nós somos feitos de material de estrelas, era a isso que ele se referia: tirando o hidrogênio (cortesia do Big Bang), os principais elementos em nossos corpos – todos eles – foram um dia fabricados no coração de uma estrela. Não é de todo absurdo pensar que alguns dos átomos do seu corpo foram fabricados por um astro da cobiçada População III, que ainda estamos por compreender melhor.

Da simplicidade à variedade

Conforme as primeiras estrelas foram semeando o meio interestelar com elementos pesados, sua presença tornou mais fácil a ignição do núcleo de estrelas recém-nascidas, o que limitou sua massa. Saíram de cena as estrelas com milhares de massas solares, e entramos num regime de menor porte. É verdade que conhecemos em nossas redondezas (ou seja, na Via Láctea) algumas estrelas com algo em torno de respeitáveis 200 a 250 massas solares, mas viraram a exceção. Os astrônomos estimam que 95% de todas as estrelas da galáxia sejam do tamanho do Sol ou menores.

A classificação mais comum das estrelas usa letras para designar a temperatura. Como vimos, as menores são mais frias, e as maiores, mais quentes. Confira a tabela:

Classe	Temperatura	Cor	Massa (em relação ao Sol)	Prevalência
M	2.400-3.700 K	Vermelha	0,08 a 0,45	76,45%
K	3.700-5.200 K	Laranja	0,45 a 0,8	12,1%
G	5.200-6.000 K	Amarela-branca	0,8 a 1,04	7,6%
F	6.000-7.500 K	Branca	1,04 a 1,4	3%
A	7.500-10.000 K	Azul-branca	1,4 a 2,1	0,6%
B	10.000 a 30.000 K	Azul	2,1 a 16	0,13%
O	mais de 30.000 K	Azul	mais de 16	0,00003%

Figura 3. Comparação de tamanho e cor dos vários tipos espectrais de estrelas anãs
[CRÉDITO: ESO/Lucas B.]

1. UMA BREVE HISTÓRIA DOS MUNDOS | 33

Além da letra, para ser mais específica, a classificação adiciona um número de 0 a 9, como uma subdivisão de temperatura. As mais quentes de uma classe levam o número 0, e as menos quentes, 9. Por fim, uma terceira letra, baseada na luminosidade, ajuda a designar em que fase da vida uma estrela está, porque é possível ter estrelas muito diferentes com uma temperatura parecida a depender de estarem ou não na chamada sequência principal. O código 0 diz respeito a uma hipergigante, Ia e Ib a supergigantes, II a gigantes brilhantes, III a gigantes, IV a subgigantes, V a anãs, sd a sub-anãs e D a anãs brancas.

O Sol, por exemplo, é uma estrela G2V, uma anã amarela com temperatura superficial de 5.772 K (e, para efeito de curiosidade, com uma metalicidade relativamente alta de 1,4%, o que faz dele uma estrela de População I).

Aliás, lembra aquela conversa de que nomenclatura na astronomia é um negócio complicado e meio enganoso? Aqui também é o caso. A classificação entre anã e gigante não tem a ver com o tamanho absoluto, mas com o tamanho relativo, em comparação à fase da vida. Uma característica de todas as estrelas, menos as modestíssimas da classe M, é que, ao deixarem a sequência principal (ou seja, ao esgotarem o hidrogênio no núcleo), incham brutalmente – o centro esquenta, as camadas superiores se expandem, e a temperatura da superfície, que agora está mais distante do centro, esfria. Tornam-se gigantes.

Por outro lado, se uma estrela está na sequência principal, mesmo que seja uma da classe O, com diâmetro dez vezes maior que o do Sol, é uma anã. Já as subgigantes são estrelas a caminho de se tornarem gigantes, e as sub-anãs são estrelas com um brilho inferior ao de uma similar com mesma temperatura. Supergigantes e hipergigantes são o destino de estrelas de alta massa após deixarem a sequência principal. Por fim, as anãs brancas são diferentes de tudo isso: são os caroços deixados por estrelas de baixa massa quando chegam ao fim de suas vidas e se tornam incapazes de sustentar fusão nuclear de qualquer tipo. As camadas superiores são sopradas para longe (produzindo uma nebulosa planetária), e o que resta é o núcleo ultracomprimido e denso, em processo de resfriamento. Um metro cúbico de anã branca contém cerca de 1 milhão de toneladas. Esse será o destino do Sol, em algo como 5 bilhões a 6 bilhões de anos.

Já estrelas de alta massa, como descrevemos antes, morrem em geral explosivamente, como supernovas, e seus núcleos podem ter um de dois destinos: se têm até cerca de 2,2 massas solares, terminam como estrelas de nêutrons – a gravidade é capaz de fazer a própria estrutura dos átomos colapsar, com os elétrons mergulhando dentro deles. São versões ainda mais radicais das anãs brancas: uma caixa de fósforos cheia de material de estrela de nêutrons pesaria 3 bilhões de toneladas. E se a massa passar muito de 2,2 massas solares, não há força na natureza que seja capaz de impedir um colapso ainda mais radical, em que a densidade se torna tão grande que nem mesmo a luz é capaz de escapar de sua superfície: um buraco negro.

Antes de terminarmos nosso *tour* pela variedade que existe entre as estrelas, vale mencionar também uma outra categoria: as anãs marrons. Essas na verdade são vistas como estrelas abortadas. Iniciaram sua formação da mesma forma que qualquer outro astro do tipo, a partir do colapso de uma nuvem de gás pela gravidade. Nesses casos, porém, falta material suficiente para produzir uma estrela capaz de "acender". Esses objetos, que normalmente têm entre 13 e 80 vezes a massa de Júpiter (o maior dos planetas do nosso

1. UMA BREVE HISTÓRIA DOS MUNDOS | 35

Sistema Solar), no máximo conseguem fundir deutério ou lítio, o que faz com que entrem num processo de resfriamento de forma relativamente rápida.

São um lembrete de que, não importa o nosso esforço para categorizar os astros (por sinal, as anãs marrons ganham as classes L, T e Y, de acordo com a temperatura), a natureza não está ligando muito para nossos nomes e parâmetros. O negócio dela é amassar nuvens de gás (e poeira, depois que as primeiras estrelas nos fizeram o favor de fornecer mais variedade de matéria-prima) por meio da gravidade e ver no que dá. Dependendo de uma série de variáveis (como a quantidade de gás disponível, sua disposição, os arredores, o ambiente de radiação circundante), muitos desfechos diferentes – em geral com várias estrelas de vários tamanhos – podem acontecer. Cada novo sistema estelar contará sua própria história e terá suas peculiaridades. Uma anã marrom é quase um misto entre um planeta gigante gasoso, como Júpiter, e uma estrela de baixa massa, e não está nem aí para o nome que damos a ela. Nada impede que ela tenha planetas ao seu redor, por sinal.

É uma característica geral de praticamente todas as estrelas, salvo as maiores (classes O e B): ao seu redor, haverá formação de planetas. Durante a fase de agregação de matéria pela gravidade, forma-se um disco de gás e poeira, que, por sua vez, origina pedregulhos que se reúnem em meio a colisões para formar objetos ao seu redor. Já sabemos que esse é um processo que acontece há muitos bilhões de anos. Com efeito, em 2003, cientistas usando o Telescópio Espacial Hubble confirmaram a existência de um planeta com 2,6 vezes a massa de Júpiter orbitando um par composto por uma estrela de nêutrons e uma anã branca numa órbita de cerca de 100 anos. Acredita-se que o planeta, PSR B12620-26 b, tenha se originado a partir da anã branca, que seria bem mais velha e teria sido capturada pela gravidade da estrela de nêutrons no aglomerado globular Messier 4. A idade do planeta foi estimada em 12,7 bilhões de anos – apenas pouco mais de 1 bilhão de anos após o Big Bang.

Há outros casos de planetas antigos, mas não tanto quanto esse. Um sistema detectado pelo Telescópio Espacial Kepler, e confirmado em 2015, tem cinco planetas de porte comparável ao da Terra ao redor da estrela catalogada como Kepler-444, na constelação de Lira. Idade estimada: 11,2 bilhões de anos.

Decerto há muitos outros exemplos de planetas antigos a serem descobertos, bem como outros que já existiram no passado e foram destruídos pela morte de suas estrelas, quando não engolidos ainda durante a vida delas. Cada história é uma história. E, naturalmente, a que mais nos chamou atenção até hoje começou há 4,6 bilhões de anos. Foi quando o Sol e sua família de planetas deram as caras na Via Láctea. Esse é nosso próximo ponto de parada.

2. Nasce o Sistema Solar

A 1.350 anos-luz de distância, na constelação de Órion, encontramos a famosa nebulosa que leva o nome do caçador mitológico. Também conhecida por seu nome de catálogo, M42 (ou Messier 42), é uma grande nuvem de gás visível graças à ação de centenas de estrelas de alta massa recém-nascidas que emitem copiosas quantidades de radiação ultravioleta, capaz de excitar (dar energia) aos átomos da nuvem, sobretudo o hidrogênio. Esses átomos logo desprendem a energia e iluminam a nebulosa, criando o espetáculo celeste que vemos da Terra, até com modestos telescópios, de uma distância segura.

Ali é um berçário de estrelas, como muitos que existem na Via Láctea, nossa galáxia. Pelo menos setecentas estrelas jovens individuais já foram identificadas pelos astrônomos, fora muitos outros casulos observáveis em meio à nuvem, onde outras estrelas, várias de baixa massa, estão sendo gestadas. Tudo isso numa nebulosa que tem cerca de 24 anos-luz de diâmetro.

Figura 4. Um passeio por parte da nebulosa de Órion, em imagem produzida pelo Telescópio Espacial James Webb. Diversas estrelas em vários estágios de formação são identificáveis em meio às nuvens de gás.
[CRÉDITO: NASA/ESA/CSA/PDRs4All ERS Team/S. Fuenmayor]

Aliás, aproveitando o gancho, uma pausa rápida para falar de unidades: a mais clássica é a unidade astronômica (UA), definida pela distância média entre a Terra e o Sol (cerca de 150 milhões de km). Ela é muito útil para descrever trajetos dentro do sistema planetário, como a distância dos planetas ao Sol, usando a Terra como referência básica (a 1 UA do astro-rei). Contudo, torna-se desajeitada quando

2. NASCE O SISTEMA SOLAR | 39

estamos falando de distâncias interestelares. Os 1.350 anos-luz até a nebulosa de Órion, por exemplo, se traduzem como 85,5 milhões de UA.

A principal vantagem ao se adotar o ano-luz como unidade preferencial para essas escalas é sua natureza intuitiva – é meramente o espaço que a luz percorre em um ano pelo vácuo. Com velocidade de 300 mil km/s, isso equivale a 9,5 trilhões de km (se nem a UA costumamos usar para distâncias interestelares, imagine se adotássemos quilômetros, o pesadelo que seria).

Os astrônomos, porém, têm preferência por uma outra unidade, o parsec, que, se por um lado é muito menos intuitiva, por outro lado dispensa qualquer referência que não seja puramente astronômica (como a velocidade da luz no vácuo). Ela é definida como a distância em que o comprimento de uma unidade astronômica corresponde a um ângulo de 1 arcossegundo (ou 1/3.600 de um grau) no céu. É uma medida de fácil tradução a partir de observações astronômicas porque a Terra rotineiramente faz esse deslocamento lateral de 1 UA, e por trigonometria e paralaxe se pode deduzir automaticamente a distância das estrelas ao comparar sua mudança de posição aparente com o movimento da Terra ao redor do Sol. Na prática, um parsec corresponde a 3,26 anos-luz.

Ao longo deste livro, daremos preferência a unidades astronômicas e anos-luz, conforme o tema que estivermos tratando. O que nos leva de volta à nebulosa de Órion.

Ela é só uma das muitas, incontáveis, nebulosas que existem na nossa Via Láctea e seguem o processo de fabricação estelar. Estima-se, de forma grosseira, que em média uma estrela por ano nasça na galáxia e que existam hoje cerca de 200 bilhões de estrelas (a estimativa é difusa, oscilando entre 100 bilhões e 400 bilhões). Divididas entre População I (alta metalicidade) e II (baixa metalicidade), elas se distribuem ao longo de quatro braços espirais indicados pela distribuição de gás e estrelas jovens (como vemos a galáxia pelo lado de dentro, é bem difícil fazer essa determinação, e os astrônomos ainda têm longas discussões sobre quantos braços há e qual sua disposição exata). O disco tem um diâmetro estimado em cerca de 90 mil anos-luz, e espessura de modestos mil anos-luz. Braços e estrelas giram ao redor do centro da galáxia, que é marcado por um bojo, com cerca de dez mil anos-luz de diâmetro, e uma barra, onde há a maior concentração de estrelas. E bem no meio, num ponto na constelação de Sagitário que foi denominado Sagitário A* (lê-se A-estrela), mora um buraco negro supermassivo, com massa de cerca de 4,1 milhões de sóis. Imagina-se que ele tenha se formado, de maneira relativamente rápida, a partir da colisão de buracos negros de massa intermediária, que, por sua vez, nasceram da fusão de buracos negros estelares já bem grandes, gerados pela morte das primeiras e colossais estrelas do Universo, com centenas a milhares de massas solares cada uma. Ao que tudo indica, toda galáxia tem o seu buraco negro supermassivo, o que faz os astrônomos discutirem o que veio primeiro, se o buraco negro, ou a própria galáxia. Ainda não há consenso, mas é fato que ambos crescem e coevoluem juntos. E apenas as galáxias que sofreram colisões podem ter ficado sem um, caso ele tenha sido ejetado por um desses eventos colossais.

De novo, não se espante: é meramente a gravidade fazendo seu trabalho. Colisões de galáxias são eventos relativamente comuns, e a Via Láctea passou por várias ao longo de seus estimados 13 bilhões de anos de existência (e ainda passará por muitas outras). A cada um

2. NASCE O SISTEMA SOLAR 41

desses impactos, não costumam acontecer colisões entre estrelas, já que a densidade da galáxia, mesmo com toda a sua matéria, ainda é bem baixa, com muito mais espaço vazio do que qualquer outra coisa. As galáxias meramente se atravessam, com a gravidade de cada uma fazendo um jogo de cabo de guerra e se puxando e contorcendo, até finalmente se fundirem.

A reconstrução da história de colisões que fizeram da Via Láctea o que ela é hoje também é um trabalho em andamento, mas os astrônomos já identificaram pelo menos alguns desses eventos ao mapear velocidades e deslocamentos de estrelas em nossa própria galáxia, que indicavam uma origem extragaláctica. Sim, há muitas estrelas que estão em nossa "cidade" cósmica, mas vieram de outras, migrando para cá após uma dessas colisões. Outras estão só de passagem e acabarão viajando para fora da galáxia ao longo de milhões de anos. A eterna dança do Universo é muito dinâmica e cheia de passos em falso.

Tanto esses impactos galácticos como o grau de atividade do buraco negro supermassivo (que emite mais radiação de seu entorno conforme matéria está caindo nele, o que acontece de forma intermitente ao longo da história galáctica) produzem torrentes de partículas que influenciam e regulam as taxas de formação estelar dentro da galáxia. São eventos como esses, bem como as explosões de estrelas de alta massa, que produzem ondas de choque capazes de desestabilizar nuvens de gás e convertê-las em berçários estelares, em que a gravidade trabalha para comprimir a matéria até levar ao nascimento de estrelas – como está acontecendo neste momento na nebulosa de Órion.

Foi num ambiente similar, há 4,56 bilhões de anos, que o Sol começou a se formar.

Conheça os vizinhos

A nebulosa que deu origem ao Sol já era significativamente rica em metais (lembrando: para astrônomos, metal é tudo que pesa mais que hidrogênio e hélio), fruto da morte de gerações anteriores de estrelas. Durante a própria formação, porém, estrelas de alta massa nasceram e morreram (elas têm vidas curtíssimas) e grãos de poeira que seriam incorporados ao Sistema Solar foram enriquecidos com elementos pesados e isótopos (variantes atômicos) instáveis. É graças a eles que sabemos que estrelas de alta massa evoluídas (que já deixaram a sequência principal), talvez até mesmo detonando como supernovas nas vizinhanças imediatas do Sol nascente, contribuíram com o material presente na nebulosa solar. Uma das pistas mais fortes é a evidência de grãos ricos em alumínio-26 e ferro-60 em meteoritos, pedregulhos remanescentes do próprio nascimento do sistema. A essa altura, o alumínio-26 e o ferro-60, instáveis e sujeitos a decaimento radioativo, já praticamente não existem mais nas rochas, mas seus subprodutos sim – de onde se pode inferir a quantidade original e saber que estrelas de alta massa – ou na forma de supergigantes soprando intensos ventos estelares, ou mesmo após explodirem violentamente – nos agraciaram com material que viria a ser incorporado em nosso sistema planetário.

Daí se pode estimar, ao menos grosseiramente, o tamanho da "ninhada" da qual o Sol fez parte. Os números mais modestos dão conta de que ao menos 500 faziam parte das vizinhanças. Possivelmente, se houve ao menos uma supernova detonando na hora certa para propiciar esse enriquecimento, a escala deve estar mais para 2 mil a 20 mil.

2. NASCE O SISTEMA SOLAR

Esses materiais extraídos de meteoritos são os mais antigos do Sistema Solar e são consistentes com o que se esperaria dos grãos precursores de tudo que viria depois por aqui. É deles que extraímos a idade (tão exata quanto possível) do Sol. Analisando a proporção de decaimento de outros elementos (por exemplo, urânio se transformando em chumbo) que têm meias-vidas na escala de bilhões de anos (meia-vida é o tempo que leva para metade de uma amostra de um elemento radioativo sofrer decaimento, perdendo prótons e nêutrons, e se tornar outro), foi possível determinar que a ação começou por aqui aproximadamente 4,568 bilhões de anos atrás.

A despeito de ter nascido em uma nebulosa que deu origem a centenas de outras estrelas, o Sol esteve isolado o suficiente para que o colapso local desse origem apenas a ele – em contraste com mais da metade das estrelas da galáxia, ele formou um sistema solitário, com uma única estrela.

Quando a nuvem de gás começa a se contrair, em razão da gravidade, acontece um fenômeno interessante: a compressão acelera enormemente o movimento giratório da nuvem – algo que os físicos chamam de conservação do momento angular e que é fácil de observar vendo uma bailarina dançar: quando ela entra em movimento giratório e então contrai os braços, o giro naturalmente se acentua. É isso que acontece na nuvem. Em razão dessa rotação cada vez mais acelerada, a matéria começa a se achatar num disco, com um bojo mais denso e quente (a semelhança geral com a forma das galáxias espirais, também em rotação, não é mera coincidência).

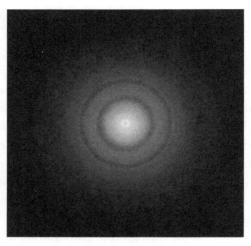

Figura 5. Imagem do conjunto de radiotelescópios ALMA revela um disco protoplanetário similar ao que pode ter dado origem ao Sistema Solar, em torno da estrela TW Hydrae. Os anéis e vãos indicam que a formação de planetas está em andamento por lá.
[CRÉDITO: S. Andrews (Harvard-Smithsonian CfA)/B. Saxton (NRAO/AUI/NSF)/ALMA (ESO/NAOJ/NRAO)]

Daí não é difícil imaginar o que acontece depois: o material central coalesce para formar o Sol, e o disco circundante é composto por gás e poeira que, por colisões, vão formando objetos maiores – primeiro grânulos, depois pedregulhos e, por fim, os planetesimais, astros precursores dos planetas.

O cinturão de asteroides que existe entre Marte e Júpiter é basicamente um repositório de planetesimais que sobreviveu à evolução do sistema. A maior parte dos meteoritos encontrados na superfície da Terra veio originalmente de lá e reflete as condições existentes durante o processo inicial de formação dos planetas.

2. NASCE O SISTEMA SOLAR | 45

O protossol vai acumulando matéria até iniciar a fusão de hidrogênio em seu núcleo. Ao entrar na sequência principal, começa uma contagem regressiva para a formação planetária. Isso porque a radiação emanada da estrela fará um papel de rapidamente (em termos astronômicos) varrer primeiro o gás e, por fim, a poeira mais fina do disco de acreção. Restarão os planetesimais e pedregulhos, além de núcleos planetários que podem ter se formado no período. A escala de tempo desse processo ainda não está determinada exatamente, mas é algo da ordem de até uns 10 milhões de anos. Foi o tempo que os planetas gigantes gasosos, os primeiros a se formar, tiveram para acumular seus invólucros de gás. Calcula-se que Júpiter, o maior, veio primeiro, a partir de um núcleo formado por planetesimais rochosos que adquiriram gravidade suficiente para começar a atrair gás presente no disco em grandes quantidades.

O surgimento de Júpiter parece ter tido um papel fundamental na moldagem do resto do sistema, uma vez que sua gravidade começou a influenciar de forma decisiva em que regiões do disco poderiam se acumular mais planetesimais para a formação de outros planetas. Saturno deve ter vindo logo em seguida e teve um efeito de contrabalanço com relação a Júpiter. É possível que até três planetas tenham se formado além de Saturno, dos quais hoje só restam dois: Urano e Netuno.

O trabalho de detetive para identificar a dinâmica de como o Sistema Solar surgiu não é fácil, pois múltiplas e diferentes condições iniciais poderiam ter gerado a atual situação observada. É preciso ir juntando peças e mais peças do quebra-cabeças para tentar contar a história inteira, e algumas partes poderão para sempre ficar faltando. Um exemplo é este: talvez Urano e Netuno não tenham tido um terceiro companheiro; talvez tenham tido, e ele foi ejetado do sistema por estilingues gravitacionais, fruto de encontrões próximos entre os planetas da região. É possível até mesmo que exista ainda um planeta a ser descoberto além da órbita de Netuno, que teria sido catapultado para as regiões mais externas, mas não com velocidade suficiente para se desgarrar por completo. Uma dupla de astrônomos do Caltech, Mike Brown e Konstantin Batygin, está convencida, desde 2016, que deve haver um tal Planeta 9, além de Netuno, mas as buscas pelo astro, até maio de 2023, não trouxeram frutos.

Fato é que os últimos planetas a serem formados foram os rochosos, nascidos na região mais interna do disco de acreção, onde materiais voláteis foram mais rapidamente evaporados pela ação do Sol nascente, e gigantes gasosos não teriam como se formar. Entram nessa lista Mercúrio, Vênus, Terra e Marte, que devem ter surgido num período entre 40 milhões e 120 milhões de anos.

Nesse processo de agregação e acúmulo de materiais para a formação dos planetas, as chamadas linhas do gelo têm um papel fundamental: são as regiões a partir das quais uma substância volátil se torna estável e sólida, em razão da temperatura mais baixa. A mais conhecida é a linha do gelo da água, que no Sistema Solar deve ter servido como importante elemento de separação entre os planetas rochosos, mais internos, e os gasosos, mais externos. Na prática, significa dizer que as regiões mais externas do sistema tinham maior facilidade de agregar gelo de água (e outros gelos, naturalmente) na composição dos planetas do que as mais internas. Não surpreende, portanto, que as luas de Júpiter (para não falar no próprio planeta) tenham acabado com mais água que os planetas rochosos. Também não surpreende que os objetos primordiais remanescentes nos confins do sistema, reunidos em um cinturão além da órbita de Netuno – conhecido como cinturão de Edgeworth-Kuiper, ou simplesmente de Kuiper, em homenagem a Kenneth Edgeworth (1880- -1972), que apresentou em 1943 a hipótese de que, na região além de Netuno, o material remanescente da nebulosa solar estaria muito espaçado para se coalescer em planetas, e a Gerard Kuiper (1905-1973), que em 1951 defendeu que um cinturão similar teria se formado no princípio do Sistema Solar, embora acreditasse que ele não pudesse ter subsistido até os dias atuais.

Plutão, descoberto em 1930, é o maior dos membros conhecidos do cinturão de Kuiper, com 2.376 km de diâmetro. Durante muito tempo, até 2006, foi considerado como um planeta. A exclusão da lista só se deu depois que mais e mais objetos do cinturão foram sendo descobertos, a partir de 1992, confirmando a hipótese de Edgeworth e culminando com a descoberta de alguns objetos que rivalizavam em tamanho com ele, como Éris, Quaoar, Haumea, Orcus

Figura 6. Comparação de tamanho dos planetas do Sistema Solar: Mercúrio, Vênus, Terra, Marte, Júpiter, Saturno, Urano e Netuno. Ao final, o maior dos planetas anões conhecidos, Plutão. Júpiter tem cerca de 11 vezes o diâmetro da Terra, e o Sol tem aproximadamente dez vezes o diâmetro de Júpiter.
[CRÉDITO: NASA/JPL]

e Sedna (quando Éris foi descoberto, pelo já citado Mike Brown, em 2005, parecia ser maior que Plutão; hoje já sabemos que é um pouco menor, embora tenha mais massa). Acabaram todos reclassificados como planetas anões, ao lado do maior dos membros do cinturão de asteroides entre Marte e Júpiter, Ceres.

Início turbulento

Como se pode imaginar, o processo que leva à formação de planetas é tudo, menos suave. Estamos falando de pedregulhos em constante processo de colisão, fundindo-se e mergulhando em vórtices onde núcleos planetários em processo de nascimento já geram gravidade suficiente para atrair mais matéria em sua direção. Somente depois desse processo mais intenso, que segue em andamento muito depois da dissipação do gás do disco de acreção, podemos ver de fato com quantos planetas (com quantas luas) e com qual massa em cada um terminamos.

Caso exemplar é a própria Terra, que sofreu uma enorme colisão com um protoplaneta do tamanho de Marte (os astrônomos o chamam de Theia) em suas fases finais de formação. O resultado desse impacto gigante foi o nascimento da Lua.

A noção geral não é nova; a ideia em si nasceu em 1975, beneficiada pelos resultados colhidos durante as missões lunares Apollo, entre 1968 e 1972. Presumiu-se então que a colisão monstruosa teria ejetado enorme quantidade de matéria na órbita terrestre, que voltou em alguns milhões de anos a coalescer por gravidade para formar a Lua.

2. NASCE O SISTEMA SOLAR 49

Por décadas os pesquisadores duelaram com uma descrição acurada desse processo. Graças ao avanço da computação, a partir de 2001 tornou-se possível criar simulações, com detalhes cada vez mais finos. Mas ainda havia peças que insistiam em não se encaixar, como a composição da Lua. Enquanto as simulações sugeriam que grande parte da massa lunar seria derivada de Theia, a composição das rochas trazidas do satélite natural pelas missões espaciais indicava um parentesco bem maior com a própria Terra.

Pudera. Não é fácil reproduzir em computador o que teria acontecido há 4,5 bilhões de anos, levando a todos os parâmetros observados hoje no sistema Terra-Lua: composição, massas, distância e evolução orbital, incluindo a dinâmica de rotação de cada um deles. É certo que muitos mistérios sobre o passado do Sistema Solar poderão estar para sempre relegados a hipóteses, considerando a dificuldade de confirmar o que de fato ocorreu, mesmo levando em conta simulações.

Para o caso da Lua, contudo, a história parece estar finalmente se fechando. Em avanço produzido em 2022, um grupo da Universidade de Durham, no Reino Unido, realizou a simulação mais detalhada já feita do processo – com resolução cem a mil vezes maior que a maioria dos esforços anteriores. O resultado sugere que a Lua pode ter se formado não ao longo de muitos milhões de anos, como antes se pensava, mas quase imediatamente após o impacto gigante, 4,5 bilhões de anos atrás.

O estudo revelou que a discrepância entre simulações anteriores e alguns dos parâmetros observados atualmente no sistema era basicamente de resolução. Ao simular o impacto entre Terra e Theia "decompondo-as" em 100 milhões de partículas individuais (o que corresponde mais ou menos a cada partícula ter um tamanho real de 14 km, comparável ao asteroide que matou os dinossauros há 66 milhões de anos), os pesquisadores constataram que tudo se encaixava com muito mais naturalidade. E a Lua, em vez de se formar de um disco de detritos após o impacto, já nascia praticamente pronta na pancada em si.

O trabalho também mostra como a Lua poderia ter adquirido uma composição mais predominante de Theia em seu interior e mais parecida com a da própria Terra nas camadas mais externas – corroborando o que é observado em amostras lunares.

O modelo de formação da Lua em uma única etapa também harmoniza bem com parâmetros orbitais, como a inclinação e o período de translação (que era menor, mas veio crescendo desde então). E o mais incrível é ver os vídeos das simulações, em que uma dança aparentemente delicada e maleável (na verdade um cataclismo violentíssimo e colossal), baseada em gravidade, pressão e hidrodinâmica, produz o belo e inusitado par.

Sim, inusitado, porque está em forte contraste com o que ocorrera aos outros planetas rochosos nascidos da nebulosa solar. Mercúrio e Vênus, os dois mais internos, não têm luas, e Marte, o único além da Terra no quarteto de planetas rochosos, tem duas, mas são basicamente dois astros de forma irregular e poucos quilômetros de diâmetro, bem diferentes da nossa Lua, com seus respeitáveis 3.475 km de diâmetro (pouco mais que um quarto do diâmetro da própria Terra, com seus 12.742 km). Cogitou-se até que Fobos e Deimos, as luas marcianas, pudessem ser nada mais que asteroides capturados pela gravidade do planeta vermelho ao passarem próximos a ele, em vez de astros nascidos de

2. NASCE O SISTEMA SOLAR | 51

colisões propriamente ditas, como é o caso do satélite natural terrestre (os astrônomos no momento pendem para uma origem nativa marciana para as duas luas, mas o tema segue em aberto).

Na terra de gigantes

Avançando na direção das regiões mais externas do Sistema Solar, cruzando a órbita de Marte, chegamos ao cinturão de asteroides – conjunto de detritos deixados pelo processo de formação planetária que, além de ser um repositório muito informativo dos materiais que deram origem aos planetas, por sua própria existência pode fornecer pistas importantes de como a arquitetura do sistema acabou vindo a ser. Suspeita-se que o material jamais tenha conseguido se coalescer para formar um planeta em razão da influência gravitacional de Júpiter (isso também costuma ser evocado para explicar por que Marte acabou com tamanho tão modesto, se comparado a Terra e Vênus, de porte praticamente idêntico).

Cruzada a fronteira do cinturão, adentramos o território dos planetas gigantes gasosos. Júpiter e Saturno são os dois maiores e, embora a convicção atual dos cientistas seja a de que tenham sido formados pelo mesmo processo de acreção que gerou os mundos rochosos do sistema, eles foram capazes de crescer com formidável rapidez e agregar muito mais gás (disponível em quantidade bem maior nas regiões mais afastadas do Sol em processo de parto). Ao redor desses, tamanha a grandeza, minidiscos de acreção se formaram, dando origem a seus maiores satélites, num processo bem diferente do que produziu a nossa Lua. Com efeito, a maior lua de Júpiter, Ganimedes (5.268 km), e a maior de Saturno, Titã (5.149 km), têm diâmetros maiores que o do planeta Mercúrio (4.879 km). Não confunda isso com massa, que é o principal "documento" de um astro (já que a gravidade é a força que rege de forma preponderante os fenômenos astronômicos). O planeta mais interno do Sistema Solar é majoritariamente composto por silicatos e metais. Já essas luas dos planetas gigantes contêm grandes quantidades de água, com núcleos rochosos bem mais modestos.

O importante aqui é lembrar que o processo de formação dos planetas e o das grandes luas dos gigantes gasosos são similares, o segundo uma versão em miniatura do primeiro – diferentemente do que o que gerou a Lua da Terra ou os dois satélites naturais de Marte.

Por fim, ultrapassando a órbita de Saturno, encontraremos a terra dos "gigantes gelados", uma categoria ligeiramente diferente de planeta gigante gasoso. Urano e Netuno, a exemplo de Vênus e Terra, são mundos que lembram muito um ao outro em alguns de seus parâmetros básicos, como diâmetro, massa e composição predominante. O que os diferencia dos gigantes gasosos é a presença proporcionalmente maior de voláteis (como metano e amônia) mais pesados que os simplérrimos hidrogênio e hélio. Esses dois também estão lá, mas num invólucro gasoso bem menor do que o visto em Júpiter e Saturno. Em resumo: foram planetas que não foram tão eficientes na captura e preservação do gás original da nebulosa solar e, por isso, acabaram menores. Além disso, em razão de estarem muito distantes do Sol, são muito frios, o que faz com que tenham muito gelo em sua composição.

Eis um planeta habitável – ou dois (ou três)

Para explicar a forma como nosso sistema se desenvolveu, com a Terra se tornando um oásis para a vida, os astrônomos criaram o conceito de zona habitável, ou zona de habitabilidade. É a faixa em torno de uma estrela em que o nível de radiação incidente sobre um planeta rochoso nela localizado é adequado à preservação de água em estado líquido de forma estável em sua superfície, sob uma atmosfera apreciável, similar à da Terra. Se um mundo desse tipo se localiza aquém da zona habitável, acaba quente demais para que isso se torne realidade. Se está localizado além dela, é frio demais.

Com esse raciocínio meio tautológico, não surpreende a afirmação de que a Terra está localizada firmemente na zona habitável do Sol. Mercúrio, indiscutivelmente, está fora dela. Completando uma volta ao redor de nossa estrela-mãe em meros 88 dias (pouco menos de um quarto do período de translação terrestre), ele é bombardeado de tal modo pela radiação solar que, com seu tamanho diminuto, foi incapaz de reter uma atmosfera. Sem atmosfera, água em estado líquido é uma impossibilidade – no vácuo, a substância se converte de gelo a vapor de forma direta (processo conhecido como sublimação). Até há algum gelo de água em Mercúrio (provavelmente transportado pelo impacto de cometas), mas somente em crateras nos polos do planeta, onde a luz do Sol nunca bate. De novo, como não há atmosfera, não há efeito estufa ou mesmo transferência de calor entre as partes iluminadas e escuras, o que faz com que as temperaturas noturnas em Mercúrio despenquem a -180 graus Celsius ou menos. No lado iluminado, deliciosos 430 graus Celsius. Só não temos essa variação bizarra de temperaturas na Terra porque a atmosfera transfere calor do lado iluminado ao escuro; na Lua, sem atmosfera, vemos fenômeno bem parecido ao que ocorre em Mercúrio, porém menos intenso, por conta da maior distância ao Sol. Lá as temperaturas vão de -250 graus Celsius, na escuridão eterna de crateras polares onde a luz nunca bate, a 127 graus Celsius, sob a insolação do "meio-dia".

Vênus, contudo, conta uma história diferente. Visto como o "gêmeo mau" da Terra, ele tem praticamente mesmo tamanho (12.104 km, contra os 12.742 km terrestres) e densidade (5,24 g/cm^3, versus 5,51 g/cm^3 por aqui), o que indica composição geral também parecida. Porém ele é tudo menos amigável à vida – ao menos na forma que conhecemos. Com uma atmosfera cerca de 90 vezes mais densa que a terrestre e majoritariamente composta por dióxido de carbono (96,5%), temos um efeito estufa brutal, o que torna a superfície venusiana o lugar mais quente do Sistema Solar, afora as imediações do próprio Sol: sempre acima de 460 graus Celsius, mesmo à sombra.

O planeta também tem uma rotação peculiar, fruto de uma combinação de efeitos. Primeiro, a gravidade do Sol, que parece ter sido capaz de, por efeito de maré, praticamente travá-lo numa rotação com o mesmo período da translação (da mesma forma que a Lua mantém sempre a mesma face voltada para a Terra, pelo mesmo efeito). Contudo, em Vênus, esse efeito se combinou com a atmosfera ultradensa, que está em superrotação: circula mais depressa que o próprio giro do planeta. Isso acaba o induzindo a rotacionar levemente para trás, com relação ao Sol. Vênus então tem o que chamamos de rotação retrógrada: enquanto os planetas em geral giram em sentido anti-horário (acompanhando seu movimento ao redor do Sol, também anti-horário), o segundo planeta gira em sentido horário, contrariando o movimento de sua translação. Resultado: são 224 dias para dar uma volta ao redor do Sol, e 243 dias para girar em torno de seu próprio eixo.

Tudo isso conspira para que Vênus seja, ao mesmo tempo, muito parecido com e muito diferente da Terra. À distância que está do Sol, é o planeta que recebe nível de incidência de radiação mais próximo do terrestre (cerca do dobro), mas suas densas nuvens refletem mais de 70% da radiação incidente de volta para o espaço. À superfície, chegam só uns 10%. É o suficiente, com a atmosfera, para tornar Vênus um forno de pizza em escala planetária.

Suspeita-se, contudo, que nem sempre tenha sido assim. Há evidências de que Vênus já teve água no passado em grande quantidade, que acabou evaporada quando o efeito estufa descontrolado tomou conta do planeta. Quando isso aconteceu? Houve tempo, antes disso, para que um ambiente estável, capaz de abrigar vida, existisse? Alguns cientistas acreditam que sim, e especula-se a possibilidade de que micróbios tenham evoluído por lá e sobrevivido até hoje nas nuvens da alta atmosfera, onde as condições de temperatura e pressão são mais amigáveis à vida. Há quem diga que oceanos podem ter persistido em Vênus por mais de 1 bilhão de anos, dos 4,5 bilhões que tem o planeta. É um bocado de tempo.

Também vale notar que a zona habitável é uma faixa dinâmica. Já contamos como estrelas operam e como se tornam estáveis quando entram na chamada sequência principal, longo período em que fundem hidrogênio em hélio em seu núcleo. Mas essa estabilidade sofre pequenas mudanças com o passar do tempo, conforme mais hélio vai se acumulando no interior. Gradualmente, a estrela vai se esquentando e se expandindo. É um fenômeno lento, mas significativo quando se passa às escalas de tempo de vida de estrelas como o Sol.

Quando era um jovem recém-nascido, nosso astro-rei emitia apenas 70% da radiação que emite hoje. Em outras palavras, era menos brilhante. O que significa que Vênus tinha um nível de incidência de radiação lá no começo ainda mais parecido com o da Terra atual.

Esse fato, por sua vez, traz consigo outro mistério, mas desta vez remetendo a Marte, o quarto planeta. Se a Terra está confortável na zona habitável, e Vênus pode ter sido um mundo próximo à fronteira interna no passado, Marte estaria próximo à fronteira externa. Localizado a 1,5 UA do Sol, ele recebe pouco mais de 40% da radiação que incide sobre a Terra. O menos denso dos planetas rochosos ($3,93$ g/cm^3), e com um diâmetro de apenas 6.780 km, o chamado planeta vermelho tinha tudo para ser inabitável hoje, que dirá no passado em que o Sol era menos brilhante. No entanto, as evidências cada vez mais abundantes vindas de análises da superfície marciana indicam que, no passado remoto, 4 bilhões de anos atrás, Marte contou com mares e oceanos. Há água corrente até hoje por lá, embora apenas em circunstâncias muito especiais e de forma bastante limitada – a maior parte dela se perdeu para o espaço ou acabou congelada no subsolo e nas calotas polares.

Isso faz alguns cientistas pensarem que Marte já teve uma atmosfera bem mais densa no passado, capaz de gerar efeito estufa compatível com o que se vê na superfície. Contudo, evidências de que esse foi o caso insistem em não aparecer, o que faz alguns buscarem explicações alternativas ou mesmo revisarem a ideia desse "passado molhado" do planeta vermelho.

A saga dos planetas rochosos solares ajuda a colocar a noção de zona habitável em um contexto mais adequado: não só ela muda com o tempo, como é apenas um dos fatores que se combinam para produzir um planeta de fato capaz de abrigar vida, como o nosso. A Terra deve sim parte de seu sucesso à distância que guarda do Sol. Existe, porém, uma história própria importante que colaborou para esse desfecho. Por sinal, os cientistas ainda têm dificuldade para entender como, mesmo diante de um Sol que gradualmente, ao longo dos bilhões de anos, foi se tornando mais brilhante, a Terra conseguiu consistentemente se manter habitável, com água em estado líquido em pelo menos boa parte da superfície durante praticamente toda a sua existência, após seu resfriamento inicial (esse problema é conhecido como o "paradoxo do jovem Sol fraco").

Fato é que, aqui na Terra, as coisas deram certo.

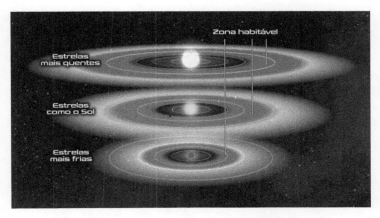

Figura 7. Comparação da zona habitável do Sistema Solar (centro) com a de estrelas mais frias (abaixo) e mais quentes (acima) que o Sol.
[CRÉDITO: NASA/Missão Kepler/Dana Berry]

A saga da vida

As evidências mais antigas que temos de organismos vivos, na forma de fósseis, datam de 3,48 bilhões de anos atrás. Encontradas em rochas da Formação Dresser, em Pilbara, no oeste australiano, são conhecidas pela sigla MISS ("estruturas sedimentares induzidas por micróbios", em português). Fruto de múltiplas espécies em interação, já representam uma comunidade complexa de criaturas unicelulares – um ecossistema microbiano.

Evidências menos seguras, mas intrigantes, vêm da Groenlândia, e remontam a 3,8 bilhões de anos atrás. Há outras ainda mais antigas (e discutíveis), chegando a 4,2 bilhões de anos atrás. Mas não é fácil recuar muito mais no tempo, porque são pouquíssimas as rochas na Terra a terem mais de 4 bilhões de anos. As explicações para isso são duas: primeiro, nosso planeta é geologicamente ativo, o que faz com que sua superfície se renove por meio de vulcanismo e tectonismo. Segundo, há evidências (ainda debatidas) de que nosso planeta foi alvejado por um intenso bombardeio de bólidos celestes entre 4,2 bilhões e 3,8 bilhões de anos atrás. Portanto, os primeiros sinais de vida na Terra remontam à época em que começaram a ter maior chance de serem preservados à posteridade. Diante disso, é quase consenso absoluto entre os pesquisadores que as primeiras formas de vida surgiram de forma relativamente rápida, assim que as condições básicas para isso se firmaram.

Em contraste, ninguém sabe direito como isso aconteceu. Temos algumas noções de como moléculas orgânicas simples podem ter se recombinado para produzir substâncias mais complexas e, enfim, entes autorreplicantes, capazes de passar por evolução darwiniana (ou seja, que possuem informação genética transmitida de uma geração a outra, submetida a mutações e ao processo de seleção natural). Há suspeitas de que as primeiras formas de vida tenham surgido no fundo dos oceanos, em fontes hidrotermais, em que as reações químicas e a disponibilidade de energia fossem favoráveis a incontáveis "experimentos" da natureza com moléculas complexas. Mas a receita exata, o passo a passo, para ir de substâncias simples como metano e amônia até cadeias moleculares complexas como RNA e DNA, ninguém sabe. De todo modo, o registro fóssil deixa patente que a vida primeiro colonizou os oceanos para depois ocupar os continentes.

Esse potencial início oceânico da vida é o principal motivo pelo qual há tanto interesse pelas luas geladas de Júpiter e Saturno, dentre as quais se destacam Europa e Encélado, respectivamente – embora não tenham continentes ou mesmo um oceano superficial, como a Terra, essas luas têm enormes camadas de água líquida sob suas crostas de gelo, em contato direto com um leito rochoso e com fontes hidrotermais similares às que podem ter originado a vida terrestre. Poderia ter algo parecido acontecido por lá? Essa é uma das mais intrigantes linhas de pesquisa no campo efervescente da astrobiologia.

Foi nos oceanos, por sinal, que nasceu a maior revolução da história da biologia: o advento da fotossíntese. Todo mundo aprende na escola: mecanismo pelo qual plantas convertem água, dióxido de carbono e luz solar em açúcares, tendo como subproduto oxigênio. Seu surgimento (e maior relevância até hoje) remonta a micróbios oceânicos conhecidos como cianobactérias, que primeiro desenvolveram o processo e então se multiplicaram a ponto de transformar significativamente a atmosfera do planeta. As evidências mais antigas de organismos fotossintetizantes remontam a 3,4 bilhões de anos atrás, mas foi por volta de 2 bilhões de anos atrás que o oxigênio começou de fato a se acumular na atmosfera, no que ficou conhecido como o Grande Evento de Oxidação. Outro nome, talvez mais honesto, é a Catástrofe do Oxigênio.

Sim, catástrofe. Hoje, claro, agradecemos. Afinal de contas, só podemos respirar graças a essa inovação biológica transformadora. Mas, para muitas das espécies então existentes na Terra (numa época em que a vida era limitada a micróbios, verdade), foi um evento de extinção em massa. Oxigênio era tóxico para muitas delas e, ao se acumular nos oceanos e então na atmosfera, deixou essas criaturas sem ter para onde correr.

Os níveis mais altos de oxigênio, contudo, não representaram só tragédia. Pelo contrário, na evolução biológica, o que para uns é cataclismo, para outros é oportunidade. O novo ambiente oxigenado permitiu aos sobreviventes evoluir na direção de metabolismos mais energéticos (já que o oxigênio é uma molécula altamente reativa, justamente por isso tóxica a muitos dos antigos habitantes do planeta). Os primeiros organismos eucariontes (com núcleo celular), ao estilo das amebas, surgiriam por volta de 2 bilhões de anos atrás. A vida multicelular viria a seguir, cerca de 1,5 bilhão de anos atrás. Mas só quando a atmosfera atingiu níveis de oxigênio ainda mais altos, comparáveis ao atual (em que corresponde a 21%, com outros 78% de nitrogênio inerte), surgiram as primeiras plantas e os primeiros animais, há cerca de 1 bilhão de anos. Muitos pesquisadores acreditam que não há coincidência entre esses eventos, e foi a crescente oxigenação do planeta – pela própria vida – que permitiu o surgimento dessas formas maiores e mais complexas.

A segunda grande revolução da vida veio cerca de 538 milhões de anos atrás. Conhecida como a Explosão do Cambriano, é o momento em que praticamente todos os filos animais surgem no registro fóssil. Há diversas hipóteses para tentar explicar o que aconteceu para que de repente a vida desse esse enorme salto, que acabaria culminando em nossa existência. O aumento de oxigênio é uma das hipóteses levantadas, mas fala-se também na formação da camada de ozônio, que protege a superfície de formas mais nocivas de radiação ultravioleta do Sol, no aumento de cálcio nos oceanos em razão de vulcanismo (permitindo o surgimento de esqueletos e partes duras de corpos biológicos), no potencial descongelamento da Terra após uma fase "bola de neve" (em que estaria praticamente toda coberta por gelo), além de razões puramente evolutivas e ecológicas, fruto das interações entre organismos e seu ambiente.

Independentemente das razões, fato é que a Terra só ganhou a cara que tem hoje (e que nos faz vê-la como detentora de uma biosfera espetacularmente diversa, versus um abrigo para micróbios ou pequenas criaturas) a partir da Explosão do Cambriano. E, desde então, o trajeto da vida voltou a ser interrompido periodicamente por grandes cataclismos. O registro fóssil indica pelo menos cinco Grandes Extinções, além de outras menores, no último meio bilhão de anos. A mais recente delas foi sabidamente ocasionada pelo impacto de um asteroide (pense nisso como um efeito tardio do processo que levou à formação dos planetas, lá atrás), há 66 milhões de anos. Na ocasião, 75% de todas as espécies se extinguiram, dentre elas os gigantes dinossauros, que por quase 200 milhões de anos reinaram sobre a Terra.

Toda vez que uma extinção em massa dessas ocorre, quando a natureza começa a se recuperar, há uma forte tendência a mudanças evolutivas, já que criaturas podem avançar para ocupar nichos que até então estavam preenchidos pelos extintos. Foi assim que os mamíferos deixaram de ser, em sua imensa maioria, pequenas criaturas arbóreas para se diversificar na população que vemos hoje, com incrível diversidade, indo das baleias aos leões, passando, claro, pelos primatas, dentre os quais somos o exemplo mais ilustre – e o mais infame também.

Afinal, os cientistas estão convencidos de que estamos agora passando por uma sexta Grande Extinção, e essa é todinha por nossa conta. Caça, destruição dos ecossistemas e alteração significativa de nossa atmosfera (com a queima de combustíveis fósseis e a transformação radical e rápida do clima na Terra) estão levando incontáveis espécies ao desaparecimento. Elas somem mais depressa do que conseguimos sequer catalogá-las. O registro fóssil indicará no futuro uma tragédia tão grande quanto a sugerida nos outros eventos cataclísmicos anteriores. Em suma: nós somos o nosso próprio asteroide assassino.

Olhando para o copo meio cheio, também somos a única espécie no planeta Terra que chegou a adquirir consciência de seu papel no contexto da biosfera terrestre. As cianobactérias não tiveram escolha quando promoveram a Catástrofe do Oxigênio. Nós, por meio da razão e da ciência, temos alternativas. É o que nos dá esperança de que possamos aprender como exercer nossa influência poderosa em favor da biosfera – não contra ela, como tem sido até o momento – antes que seja tarde demais.

Levou 4,5 bilhões de anos para uma nuvem de gás e poeira coalescer em planetas, dos quais ao menos um se mostrou habitável e deu origem à vida, que evoluiu até chegar a criaturas capazes de se perguntar – e então decifrar – como chegamos até aqui. Outra jornada, ainda em curso, começa a desvendar como a mesma história – ou versões muito diferentes dela – pode ter acontecido em incontáveis outros pontos do cosmos, nos últimos 13 bilhões de anos. É o que veremos a seguir.

3. Meio Milênio de Revolução Copernicana

A astronomia é reconhecida como a mais antiga das ciências. Isso porque o ato de observar o céu é quase inevitável para quaisquer criaturas curiosas que habitem a Terra, e o ser humano sem dúvida qualifica-se como uma das que mais cultivam essa característica. Mais do que isso, os ritmos do céu se impõem sobre as formas de vida que povoam nosso planeta. Mesmo sem algo que possa ser percebido como uma consciência similar à nossa, as plantas precisam estar atentas ao deslocamento do Sol pelo firmamento para que possam colher o máximo possível de luz. Praticamente todos os animais superiores têm seu comportamento ditado pelo Sol – os diurnos esperam que ele apareça e ilumine a superfície para realizar suas atividades, e os noturnos aguardam que vá embora, mas todos têm seu modo de vida ligado ao fato de que nossa estrela-mãe nasce no horizonte leste pela manhã e se põe no horizonte oeste à tarde.

A Lua, igualmente, se impõe aos animais. Quando está cheia, reflete tanta luz solar que pode iluminar as noites, e há criaturas que fazem questão de reagir a ela. Dois exemplos: os lobos, que insistem em uivar, e os humanos, que a tornam objeto de fantasias românticas e fascínio embasbacado.

Para além desses dois objetos, ainda há muitos que preenchem o céu noturno. E, sim, até mesmo eles têm alguma influência no comportamento dos bichos. Sabemos que, além dos humanos, focas e aves usam estrelas para se guiar em seu trânsito. Em 2013, um grupo de pesquisadores liderados por Eric Warrant, da Universidade de Lund, na Suécia, mostrou que besouros, para andar em linha reta por longas distâncias, se guiam pela faixa leitosa a que demos o nome de Via Láctea – em realidade, o disco com braços em formato espiral que vemos como um cinturão por estarmos do lado de dentro, com o Sistema Solar imerso na imensidão da galáxia.

Diante de tantas evidências de que o céu interessava aos nossos ancestrais evolutivos, é incontornável a conclusão de que os humanos modernos já surgiram preocupados com o firmamento. Os primeiros registros fósseis reconhecidos como pertencentes à espécie *Homo sapiens* remontam a uns 200 mil a 300 mil anos, na África. Quanto mais mergulhamos no passado, menos artefatos restam desses nossos precursores diretos. Em muitos casos, tudo que temos são uns poucos ossos fossilizados ou resquícios de fogueiras. Mas mesmo em meio a essa névoa que a passagem do tempo impõe, os arqueólogos encontram evidências e artefatos de mapeamento estelar rudimentar com dezenas de milhares de anos. Um tablete de marfim de 32,5 mil anos encontrado numa caverna na Alemanha que contém o desenho de um homem quase certamente é uma representação antiga da constelação de Órion. É algo que antecede até mesmo a invenção da escrita – que decerto é um ponto de virada para o desenvolvimento astronômico, não só por facilitar a disseminação do conhecimento entre as civilizações do passado, mas também por ter permitido que detalhes dessa sabedoria antiga chegassem até nós.

É graças a eles que sabemos que o Sistema Solar levou um longo tempo para ser "descoberto", assim como entendemos que a noção antiga do que é um planeta guarda pouca semelhança com a que temos hoje.

Os vagabundos

Desde tempos imemoriais, os humanos notaram que diferentes objetos celestes guardavam diferentes padrões de movimento. O Sol completava uma volta num ritmo similar ao da maioria dos outros astros – mas não exatamente igual. Se o Sol se punha no mesmo momento em que, do outro lado, nascia uma determinada estrela (digamos, Sírius), no dia seguinte, a estrela surgiria quatro minutos mais cedo. Dois dias depois, oito. Depois doze. E assim sucessivamente. Os dois só voltariam a se sincronizar, por assim dizer, depois de um longo período que hoje conhecemos como um ano.

Não é difícil entender essa diferença agora que sabemos como o Sistema Solar se organiza: a Terra tem uma rotação de 23 horas e 56 minutos. Mas, nesse tempo, também se desloca um pouco em sua translação em torno do Sol, o que faz com que o chamado dia solar dure 24 horas; já o dia sideral (medido com base nas estrelas distantes) é a rotação pura, de 23 horas e 56 minutos.

No passado, contudo, o mais simples era imaginar que o Sol estava girando ao redor da Terra – que, vamos combinar, baseado apenas no ponto de vista de quem está nela, parece mesmo estar no centro de tudo –, um pouco mais devagar que uma esfera salpicada de estrelas, mais ao fundo.

Outro astro que seguia um ritmo diferente era a Lua: deslocando-se pouco a pouco com relação às estrelas ditas "fixas", completava uma volta a cada 27,3 dias. Já seu ciclo de fases – crescente, cheia, minguante, nova – durava um pouco mais, 29,5 dias. De novo, fácil de entender a diferença ao se combinar a translação da Lua ao redor da Terra e seu deslocamento, acompanhando nosso planeta, ao redor do Sol. No esquema antigo, contudo, era só colocar a Lua numa órbita mais próxima da Terra, deslocando-se mais devagar que o Sol (e mais rápido que as chamadas estrelas fixas).

Por fim, outros cinco astros pareciam não pertencer a nenhuma dessas esferas, com seus movimentos próprios. São eles Mercúrio, Vênus, Marte, Júpiter e Saturno. Os nomes são da mitologia grega (em sua vertente romana) e, por si só, já revelam de onde vem nossa tradição astronômica predominante – pois foram os gregos que com mais afinco buscaram sistematizar e matematizar os movimentos celestes. Até onde sabemos, começando por Eudoxo de Cnido (c. 410--347 a.C.), que elaborou o primeiro modelo geocêntrico conhecido de mundo, dividido em duas esferas básicas: a terrestre, composta pelos quatro elementos clássicos (água, fogo, terra e ar), e a celeste, que abarcaria os vários astros em suas próprias esferas, tudo feito de uma quintessência, o éter.

Aos astros que não pertenciam à última das esferas, a das "estrelas fixas", os gregos deram o nome de *planetas*, cuja tradução significa algo como *errantes, andarilhos, vagabundos*. Nessa definição, no cosmos geocêntrico, Sol e Lua eram planetas, já que se deslocavam sobre o fundo das estrelas fixas. Já a própria Terra, nesse contexto, não se movia de nenhum modo, portanto, não era um planeta.

3. MEIO MILÊNIO DE REVOLUÇÃO COPERNICANA | 69

Alguns sábios gregos chegaram perto de mudar esse quadro. Aristarco de Samos (c. 310-230 a.C.) propôs uma hipótese ousada: a de que a Terra giraria ao redor do Sol, que estaria no centro do sistema planetário. Os demais planetas (salvo a Lua) estariam girando também em torno do Sol. E a aparente estabilidade do que se convencionou chamar de esfera das estrelas fixas (mesmo com o que então seria uma radical mudança de perspectiva a partir da Terra, conforme ela se deslocava em sua órbita) assim o era em razão da enorme distância delas para nós. Aristarco chegou a supor que fossem outros sóis, tão distantes que apareceriam aos humanos como pequenas luzes no firmamento. Ele teve outros seguidores no mundo antigo, como Seleuco de Selêucia (c. 190-150 a.C.), que defendeu o modelo com grande afinco. Mas a proposta heliocêntrica jamais chegou a se tornar predominante na Antiguidade.

Em vez disso, a maioria dos astrônomos se voltou para o objetivo de aperfeiçoar o modelo geocêntrico a ponto de permitir predizer com acurácia a posição dos astros a qualquer tempo. Grande incentivador desse objetivo foi Hiparco (c. 190-120 a.C.), responsável por produzir a principal carta estelar do mundo antigo, entre muitos outros feitos. E o sucesso máximo do modelo geocêntrico veio com o romano (nascido no Egito) Cláudio Ptolomeu (c. 100- -170 d.C.). Seu grande tratado a respeito, o *Almagesto*, permaneceu como principal referência astronômica ao longo de toda a Idade Média. Para aprimorar a capacidade preditiva do geocentrismo, Ptolomeu adotou os chamados epiciclos – algo que poderia ser visualizado como uma pequena órbita transitando junto com a grande órbita – e compensava variações de posição que contrastavam com o modelo mais simples. É como se Marte não girasse em torno da Terra, mas girasse em torno de um ponto que girava em torno da Terra. O mecanismo ajudava a explicar movimentos como os zigue-zagues que os planetas podiam fazer no céu (hoje bem compreendidos pela revolução combinada da Terra e dos demais planetas ao redor do Sol, produzindo os famosos – e mal afamados pela astrologia – movimentos retrógrados). Ainda assim, esse mecanismo ainda não era lá muito preciso.

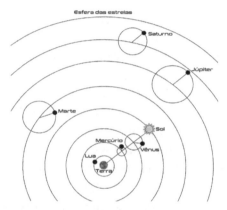

Figura 8. O sistema ptolomaico, com a Terra ao centro e círculos e mais círculos para explicar o movimento dos "planetas", incluindo o Sol, pelo céu.

[CRÉDITO: Salvador Nogueira]

Avanços tecnológicos

O modelo heliocêntrico (e correto) de Aristarco só viria a ser resgatado, pasme, 18 séculos após sua concepção original, por um astrônomo polonês chamado Nicolau Copérnico (1473-1543). Talvez não surpreenda tanto se pensarmos que a ideia teve de ser reconstruída do zero.

3. MEIO MILÊNIO DE REVOLUÇÃO COPERNICANA | 71

Alguns dos pressupostos do modelo geocêntrico, como a imobilidade da Terra, já vinham sendo questionados por alguns astrônomos islâmicos durante o período medieval, mas a ideia tinha pouca aceitação no Ocidente, em que uma interpretação literal dos textos bíblicos tendia a tornar "Verdade revelada" a centralidade da Terra.

Por conta disso, Copérnico tomou alguns cuidados em avançar sua hipótese. Formulada originalmente em 1510 e publicada de forma limitada no texto conhecido como *Commentariolus* (algo como "Breve rascunho", em latim), ela ganharia sua forma mais sofisticada em *De revolutionibus orbium coelestium* (*Das revoluções dos orbes celestes*), livro publicado no ano de sua morte, 1543. Sintomático da polêmica que se seguiria, o livro conta com um prefácio incluído pelo editor à revelia de Copérnico descrevendo o modelo heliocêntrico como mera hipótese matemática para melhorar a predição da posição dos astros, não como uma descrição da realidade.

A publicação não causou grande controvérsia, e a obra nem chegou a ser proibida pela Igreja Católica – num primeiro momento –, mas ali nascia um movimento que levaria a uma irreversível revolução no modo como a humanidade encararia seu lugar no Universo. Isso porque, em contraste com o que ocorrera com Aristarco, as ideias de Copérnico encontrariam amplo amparo observacional, graças à invenção dos telescópios.

O que nos leva à cidade de Pisa, atual Itália, terra de origem de Galileu Galilei (1564-1642). Falar de todos os feitos dele é assunto para um livro inteiro, mas o que há de mais relevante para a nossa prosa aqui é o fato de ele, baseando-se na descrição de uma invenção holandesa que permitia ver mais longe, ter construído a primeira luneta astronômica.

Note que ele não inventou o dispositivo, mas foi o primeiro, até onde se tem notícia, a derivar seus princípios só por ouvir dizer, construir um e aplicá-lo à observação do céu.

E o que a primeira olhada telescópica para o céu revelou, entre 1609 e 1610, colocaria em maus lençóis todo o arcabouço ptolomaico de concepção de mundo. Para citar apenas duas de suas primeiras descobertas, ele identificaria quatro satélites girando em torno de Júpiter (hoje com justiça nos referimos a Io, Europa, Ganimedes e Calisto como os satélites galileanos) e o fato de que Vênus, ao telescópio, tinha fases, como as da Lua.

Em ambos os casos, eram poderosos reforços para a hipótese heliocêntrica. As luas de Júpiter por provarem conclusivamente que nem tudo no céu gira ao redor da Terra. E as fases de Vênus por demonstrarem que ao menos esse planeta estava girando de fato ao redor do Sol.

Galileu se converteria em maior campeão do heliocentrismo e a Igreja Católica assumiria de vez seu papel de grande inimiga do novo sistema. Em 1616, uma comissão inquisidora declarou-o "estúpido e absurdo filosoficamente, e formalmente herético, já que contradiz explicitamente em muitos trechos o sentido das Escrituras Sagradas". O italiano foi comandado a abandonar a ideia, e o livro de Copérnico foi tornado proibido. A obediência ao "cala-boca" duraria pouco mais de uma década. Em 1632, Galileu tomou coragem e escreveu sua grande obra, *Diálogos sobre os Dois Principais Sistemas de Mundo*. Alegando estar meramente confrontando os dois, e tratando tudo por hipótese, teve autorização papal para publicá-la. Todavia o livro era tudo menos equilibrado. Na verdade, era uma efusiva defesa do copernicanismo. Condenado pela Inquisição em 1633, Galileu abjurou suas heresias e, com isso, escapou da fogueira, sendo punido "apenas"

3. MEIO MILÊNIO DE REVOLUÇÃO COPERNICANA | 73

com prisão domiciliar perpétua. Suas obras também foram banidas. Levou quase quatro séculos para que a Igreja, então liderada pelo papa João Paulo II, em 1992, pedisse desculpas pelo erro... bem, antes tarde do que nunca.

É verdade que a teoria heliocêntrica de Copérnico, a despeito de estar essencialmente correta, tinha problemas ainda não resolvidos. No fim, ela esbarrara nos mesmos desafios que perturbaram Hiparco em tempos antigos: mesmo com a adição de artifícios matemáticos como epiciclos, sua precisão na predição de eventos celestes era baixa.

As coisas só entrariam nos eixos de vez graças a um contemporâneo de Galileu, o alemão Johannes Kepler (1571--1630). Pupilo do grande astrônomo observacional Tycho Brahe (1546-1601), ele teve acesso a dados de posição dos planetas com a maior precisão possível na época e se debateu durante longo tempo para explicar os movimentos planetários. Dava como certo o heliocentrismo, ainda mais após as observações de Galileu, mas suas tentativas de montar um sistema exato começaram numa direção quase esdrúxula. Kepler tentou encaixar as órbitas nos cinco poliedros regulares conhecidos como sólidos platônicos. Não deu certo.

As coisas, contudo, pegaram outro contorno quando Kepler, simplesmente desesperado por não conseguir de jeito nenhum qualquer órbita circular satisfatória que refletisse acuradamente o movimento de Marte visto nas tabelas de Tycho Brahe, abandonou a forma circular e se arriscou com uma elipse.

Era um salto filosófico colossal – abandonar as esferas, tidas como formas perfeitas desde os antigos gregos. Kepler, porém, não podia negar as aparências ou disfarçar as evidências: os planetas se moviam em elipses, tendo o Sol em um de seus focos. Graças aos dados a que tinha acesso, o astrônomo também fez uma segunda descoberta fundamental: em sua trajetória pela elipse, os planetas varriam áreas iguais em tempos iguais. Na prática, significa dizer que eles avançam mais depressa quando estão mais próximos do Sol, e mais devagar quando estão mais distantes. Os resultados seriam publicados em 1609, num livro chamado *Astronomia Nova*. Dez anos depois, em outro livro, *Harmonias do Mundo*, ele traria sua terceira lei de movimento planetário: o quadrado do período do movimento de um planeta é proporcional ao cubo da distância média ao Sol.

As três leis de Kepler são descobertas fundamentais que finalmente terminaram de colocar ordem no Sistema Solar. Ofereciam descrição geométrica precisa, o último passo antes que o inglês Isaac Newton (1642-1727) pudesse explicar os movimentos planetários a partir de uma teoria, a gravitação universal.

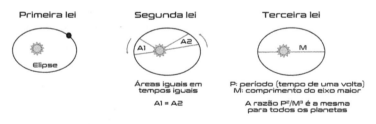

Figura 9. As três leis de Kepler: a primeira, que os planetas percorrem uma elipse, com o Sol em um de seus focos; a segunda, que eles varrem áreas iguais da elipse em tempos iguais; e a terceira, que o quadrado do tempo que levam para completar uma órbita é proporcional ao cubo do semieixo maior (metade do eixo maior da elipse, ou a distância média do planeta ao Sol).
[CRÉDITO: Salvador Nogueira]

3. MEIO MILÊNIO DE REVOLUÇÃO COPERNICANA | 75

Com tudo isso, finalmente "descobrimos" nosso Sistema Solar. Ao longo dos séculos, graças a uma combinação engenhosa de teoria e observação telescópica, ele foi ganhando novos elementos, com a descoberta de dois planetas invisíveis a olho nu (Urano e Netuno), e dois cinturões de objetos (um entre Marte e Júpiter, outro além de Netuno). Mas e quanto às antigas "estrelas fixas", que Aristarco já especulava em tempos antigos que fossem outros sóis? Será que são isso mesmo? Também têm seus próprios planetas? A ciência teria de avançar mais um bom bocado para trazer essas respostas.

Indo além de Copérnico

A determinação de que as estrelas são astros similares ao Sol, com a diferença de estarem muito afastados, só foi possível graças a outra descoberta de Isaac Newton, o primeiro a compreender formalmente o fenômeno óptico pelo qual a luz, quando atravessa um prisma, se decompõe em seu espectro de cores – algo que rotineiramente observamos ao encontrarmos no céu um arco-íris após a chuva (na atmosfera, as gotículas de água fazem o papel do prisma). Isso acontece porque a luz branca é composta por todas as "cores", que, por sua vez, são luz com diferentes níveis de energia (alternativamente, podemos dizer que são ondas eletromagnéticas com diferentes comprimentos, ou frequências), e a cada nível corresponde uma taxa de refração (o tamanho da mudança de um meio a outro, da atmosfera para o prisma, no caso), fazendo com que se separem em seus componentes.

O físico alemão Joseph von Fraunhofer (1787-1826) deu o passo seguinte. Usando os melhores prismas de seu tempo, em 1814, Fraunhofer notou como, em meio ao arco-íris colorido, viam-se algumas linhas escuras. A primeira fonte de luz que ele usou para descobrir essas faixas negras foi a do Sol. Mais tarde ele analisaria a luz de outras estrelas e descobriria traços similares. Em 1819, inventou o dispositivo conhecido como espectroscópio, com o objetivo de mapear a frequência exata de cada uma das linhas, e seus achados, por si só, já indicavam que as estrelas e o Sol guardavam similaridades importantes. Mas o que eram as tais faixas negras no espectro? Levaria quase meio século até que o físico Gustav Kirchhoff (1824-1887) e o químico Robert Bunsen (1811-1899) descobrissem seu significado: elas eram idênticas às vistas conforme certos elementos eram aquecidos e emitiam luz. Graças a isso, tornou-se possível revelar a composição de astros distantes, analisando sua luz num espectroscópio. Essas faixas escuras observadas no espectro são até hoje chamadas de linhas de Fraunhofer, em homenagem a seu descobridor.

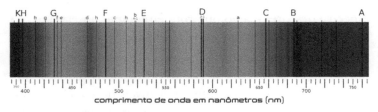

Figura 10. O espectro solar, ou seja, a luz do Sol decomposta por um prisma, com algumas de suas linhas de Fraunhofer.

[CRÉDITO: Reprodução/Wikipedia Commons]

Enquanto tudo isso se desenrolava, claro que os filósofos naturais que precederam essas descobertas não se furtaram a simplesmente postular o que parecia cada vez mais

3. MEIO MILÊNIO DE REVOLUÇÃO COPERNICANA | 77

óbvio – que estrelas eram outros sóis – para especular sobre a formação de planetas ao redor delas.

O francês René Descartes (1596-1650) sugeriu que sistemas planetários poderiam se formar como resultado de vórtices que se criavam em torno de estrelas nascentes, sendo portanto um desfecho natural de seu nascimento. Um pouco mais tarde, o alemão Immanuel Kant (1724-1804) propôs que nosso sistema havia nascido de uma grande nuvem de gás, a nebulosa solar, que colapsou num disco pela ação gravitacional. Em um lance ainda maior de inspiração, Kant imaginou que a Via Láctea era também um disco, muito maior, e que outras nebulosas similares eram na verdade outras galáxias similares à nossa, mas muito distantes. Para demonstrar o tamanho da antevisão, basta lembrar que essa discussão perdurou até o início do século 20 e só foi solucionada (em favor da hipótese de Kant) por Edwin Hubble, de quem já falamos, quando ele descobriu a expansão cósmica (e o fato de as galáxias não serem meras nebulosas na Via Láctea, mas astros muito maiores e mais distantes).

Bonito, mas onde estavam as evidências de que os sistemas planetários eram decorrência natural da formação das estrelas? No século 18, não havia, de forma que o naturalista francês Georges-Louis Leclerc (1707-1788), o conde de Buffon, se sentiu à vontade para sugerir outra hipótese para o surgimento do Sistema Solar, que envolvia a colisão de um grande objeto com o Sol em tempos imemoriais, arrancando matéria suficiente dele para formar os planetas. Essa hipótese, apresentada em 1749, tinha vários problemas – um dos mais graves é que ela não explicava como o Sol, em si, veio a ser – e acabou não se tornando muito popular. Mas a proposição motivou o matemático e astrônomo francês Pierre Simon de Laplace (1749-1827) a criar sua própria teoria de formação planetária. Embora ele não conhecesse o trabalho de Kant, sua proposta saiu muito parecida, só que mais substanciada por cálculos matemáticos. Parecia ser o caminho certo.

Laplace imaginou uma nebulosa que se contraía lentamente em razão da gravidade e, ao se contrair, aumentava sua rotação, pelo mecanismo de conservação do momento angular, um efeito que qualquer bailarino ou patinador conhece ao começar a girar e então acelerar o giro ao trazer seus braços para mais perto do corpo.

Esse disco cada vez mais acelerado acabaria dando origem aos planetas – uma bela e sensata descrição, compatível com o fato de que as órbitas dos mundos solares são coplanares, ou seja, todas estão aproximadamente no mesmo plano. Por várias décadas, todo mundo esteve satisfeito com essa hipótese, mas problemas começaram a surgir quando passaram a correlacionar a distribuição de momento angular em nosso próprio Sistema Solar. Explica assim o escritor russo-americano Isaac Asimov (1920-1992), em seu *Guide to Earth and Space*:

O momento angular mede a quantidade de giro de um objeto, que é parcialmente ligada à rotação do objeto sobre seu eixo e parcialmente ligada à sua revolução em torno de outro objeto. O planeta Júpiter, girando em torno de seu próprio eixo e ao redor do Sol, tem 30 vezes o momento angular do Sol, que é um corpo muito maior. Todos os planetas juntos têm cerca de 50 vezes o momento angular do Sol. Se o Sistema Solar começou como uma única nuvem com uma dada quantidade de momento angular, como quase todo esse momento acabou concentrado em pequenos pedaços de matéria que

3. MEIO MILÊNIO DE REVOLUÇÃO COPERNICANA | 79

se separaram para formar os planetas? Os astrônomos não encontravam uma resposta e começaram a procurar outras explicações.

Esse problema acabou fazendo reviver a hipótese catastrofista, em nova roupagem. Em 1904, dois cientistas americanos, Thomas Chrowder Chamberlin (1843-1928) e Forest Ray Moulton (1872-1952) resolveram revisitar a ideia de Buffon, com uma novidade. Em vez de uma colisão, teríamos outra estrela passando de raspão pelo Sol. A atração gravitacional mútua teria feito com que um filete de matéria saísse de cada um dos astros, mais tarde se comprimindo e ganhando uma dose cavalar de momento angular. Ao se esfriar, esse material produziria objetos sólidos e pequenos, que colidiriam entre si para finalmente formar os planetas. Tanto o Sol quanto essa hipotética estrela errante teriam saído do encontro com sua família de planetas. Mas como eventos desse tipo devem ser raríssimos, dada a distância média entre as estrelas, a imensa maioria delas seria desprovida de mundos girando ao seu redor.

Contudo, como aconteceu antes com o trabalho de Laplace, a hipótese de Chamberlin e Moulton também não resistiu ao escrutínio. Estudos conduzidos pelo astrônomo britânico Arthur Eddington (1882-1944) na década de 1920 sugeriram que o Sol é muito mais quente do que antes se pensava, e que qualquer matéria extraída dele acabaria se espalhando pelo espaço, em vez de se condensar para formar os planetas. O último prego no caixão da hipótese dualista (assim chamada por envolver duas estrelas na geração dos planetas) foi martelado pelo astrônomo americano Lyman Spitzer Jr. (1914-1997), em 1939, ao dar ainda maior confiança às conclusões de Eddington.

Somente na década de 1940 a hipótese nebular – e a noção de que os sistemas planetários eram desfechos comuns da formação de estrelas – voltou à preferência científica, com versões mais sofisticadas do trabalho laplaciano que se demonstraram suficientemente robustas até os dias atuais. Mas, claro, não há teoria que se sustente sem evidência observacional. Onde estariam os outros mundos lá fora e como fazer para observá-los?

Alarme falso dos planetas extrassolares

O astrônomo holandês Peter van de Kamp assumiu a direção do Observatório Sproul, em Swarthmore, na Pensilvânia, em 1937, com um objetivo muito claro na cabeça: encontrar os primeiros planetas fora do Sistema Solar. Kamp era especialista em astrometria – técnica que consiste em medir a posição exata de certos astros com relação a estrelas mais distantes que estejam no mesmo campo de visão. A aplicação mais comum desse tipo de observação é determinar a distância precisa de uma determinada estrela, usando o trajeto da Terra ao Sol como unidade de medida.

É menos estranho do que parece. Imagine duas observações de uma estrela, a segunda feita seis meses após a primeira. Na medição inicial, a Terra está de um lado do Sistema Solar; um semestre depois, já estará do lado oposto, a 300 milhões de quilômetros de distância, dando meia volta em torno da estrela. Essa mudança de perspectiva é irrelevante para objetos extremamente distantes, mas se torna maior quanto mais próximo um astro estiver. Comparando a pequena mudança de posição relativa de estrelas mais próximas, com relação às mais distantes, é possível calcular sua distância.

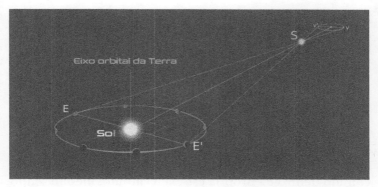

Figura 11. A estratégia para medir a distância a uma estrela usando a órbita da Terra como "régua": observando a ligeira mudança de perspectiva (portanto, de posição) de uma estrela em relação a um fundo mais distante, a chamada paralaxe estelar, é possível calcular a distância dela até nós com trigonometria simples.

[CRÉDITO: Reprodução/Wikipedia Commons]

Kamp, contudo, queria usar as medições astrométricas com outro objetivo, ainda mais desafiador. Em vez de captar pequenas variações na posição da estrela causadas pela mudança de perspectiva da Terra (ou mesmo por seu chamado "movimento próprio", que representa sua mudança de posição em relação ao Sistema Solar com o passar do tempo, conforme nós e ela seguimos nossas órbitas próprias ao redor do centro da Via Láctea), o holandês queria observar alterações sutis que fossem causadas pela influência gravitacional de um corpo planetário ao redor de sua estrela. Captar diretamente a luz emanada do planeta era tido como impossível para a tecnologia de observação da época, uma vez que seu brilho sutil é completamente ofuscado pela estrela, 1 bilhão de vezes mais brilhante em luz visível. Restava tentar detectar efeitos gravitacionais do planeta sobre a sua estrela, cuja posição poderia ser bem definida por trigonometria simples, sabendo-se o raio da órbita da Terra em torno do Sol.

É uma coisa que não se costuma pensar, mas os planetas também geram gravidade, portanto fazem a estrela se mover, embora bem pouco. Como os corpos planetários têm muito menos massa que a estrela, o movimento deles é proporcionalmente muito mais pronunciado – longas órbitas ao redor do centro de gravidade do sistema, normalmente contido dentro da própria estrela. Contudo, mesmo sendo muito mais difícil de mover, as estrelas também são deslocadas pela atração gravitacional de seus planetas, ainda que bem pouco. O efeito de Júpiter sobre o Sol, por exemplo, faz com que a estrela execute um ligeiro bamboleio, conforme é atraída para lá e para cá pelo planeta gigante girando em torno dela, completando uma volta a cada 12 anos.

Não era a primeira vez que alguém tinha tido a ideia de usar astrometria para caçar possíveis exoplanetas. O grande astrônomo alemão William Herschel (1738-1822), descobridor de Urano, já havia apontado a técnica como uma maneira de detectar mundos fora do Sistema Solar, e chegou a afirmar que havia um planeta em torno da estrela binária 70 Ophiuchi. O não tão grande astrônomo W. S. Jacob, do Observatório Madras, na Índia, fez a mesma sugestão em 1855, mas ambas foram refutadas por observações posteriores.

Kamp, por sua vez, queria tirar fotos sequenciais de estrelas, recurso indisponível para seus predecessores do século 19, e analisar a posição a cada momento para deduzir a presença de planetas. Em 1938, ele iniciou seu esforço ao colher imagens da Estrela de Barnard – uma anã vermelha (tipo espectral M) localizada na constelação do Ofiúco

3. MEIO MILÊNIO DE REVOLUÇÃO COPERNICANA | 83

a cerca de 6 anos-luz da Terra. Estudada em detalhe pelo astrônomo americano Edward Emerson Barnard (1857--1923), ela é a estrela que mais rapidamente se desloca pelo céu com relação ao Sistema Solar (movimento próprio), o que a torna uma candidata natural para estudos de astrometria.

Entre 1938 e 1942, o astrônomo dinamarquês Kaj Strand trabalhou lado a lado com Kamp no Observatório Sproul. Também seduzido pela possibilidade de encontrar planetas fora do Sistema Solar, ele repetiu o procedimento com a estrela binária 61 Cygni, a 11,4 anos-luz de distância. Em 1943, Strand anunciaria a descoberta de um terceiro objeto invisível em torno de 61 Cygni A, a mais brilhante das duas anãs do tipo K (ligeiramente menores que o Sol). Estudos subsequentes em 1957 feitos por Strand e Kamp sugeriam que esse objeto seria um planeta com oito vezes a massa de Júpiter.

Em 1951, Kamp e sua aluna Sarah Lippincott anunciariam a descoberta de outro planeta, desta vez ao redor da anã vermelha Lalande 21185, a 8,3 anos-luz da Terra. Doze anos depois, o holandês faria a afirmação de que um planeta similar a Júpiter orbitava seu alvo original de pesquisa, a Estrela de Barnard.

Uma coisa curiosa é que todas essas fantásticas descobertas haviam sido feitas no Observatório Sproul. Outra é que nenhum outro telescópio havia detectado nada parecido. Até o começo da década de 1970, as detecções estavam sendo aceitas pelo valor de face, mas em 1973 os astrônomos George Gatewood e Heinrich Eichhorn usaram outro equipamento para tentar confirmar os planetas de Kamp, sem sucesso. Pior: John Hershey, no Observatório Sproul, estudaria as imagens usadas nos trabalhos do holandês e descobriria que as variações astrométricas se correlacionavam com a época em que ajustes e modificações eram feitos na lente objetiva do telescópio. As detecções não passavam de artefatos gerados pelo próprio equipamento! Todos esses planetas anunciados por esse pessoal nunca existiram!

Kamp deixou o Sproul e voltou à Holanda em 1972. Mesmo depois da publicação das contestações, o astrônomo se manteve convicto de que havia descoberto planetas fora do Sistema Solar. Em 1982, ele chegou a publicar novo trabalho defendendo o achado da Estrela de Barnard. Morreu em 18 de maio de 1995, aos 93 anos, acreditando que havia dois planetas gigantes ao redor daquela anã vermelha. Em 6 de outubro daquele mesmo ano, uma dupla de pesquisadores suíços faria história ao reportar a descoberta do primeiro planeta a girar ao redor de uma estrela similar ao Sol. E desta vez seria para valer.

4. Projetos e Métodos Para Caçar Exoplanetas

Quando Michel Mayor e Didier Queloz, do Observatório de Genebra, decidiram iniciar uma busca por mundos fora do Sistema Solar, estavam pisando em areia movediça. O trauma dos planetas-miragem do Observatório Sproul ainda assustava os astrônomos, que temiam de duas, uma: ou nada encontrar perdendo décadas numa busca infrutífera, ou achar alguma coisa e depois serem ridicularizados quando a descoberta se mostrasse mais um engano.

É bem verdade que já havia mais segurança de que os planetas deveriam estar lá do que duas décadas atrás. Em 1984, uma dupla de astrônomos americanos conseguiu obter imagens de um disco de gás e poeira em torno da estrela Beta Pictoris, um astro extremamente jovem (8 milhões a 20 milhões de anos) localizado a 63,4 anos-luz da Terra. Trata-se de uma estrela do tipo A – 75% mais massiva que a nossa – e estava claro que os pesquisadores haviam flagrado um sistema planetário em plena formação.

Além disso, em 1992, os radioastrônomos americanos Aleksander Wolszczan e Dale Frail haviam feito uma descoberta no mínimo bizarra: dois objetos com cerca de quatro vezes a massa da Terra orbitando uma estrela de nêutrons em rápida rotação, o pulsar PSR B1257+12. Eram planetas, no lugar onde ninguém esperava jamais encontrá-los. Afinal, um pulsar é o cadáver que resta de uma estrela de alta massa depois que ela esgotou seu combustível e detonou violentamente como uma supernova. Imaginou-se que restos dessa explosão tenham se reaglutinado para formar os planetas observados, ou que eles representassem fragmentos de antigos planetas que de algum modo sobreviveram à explosão da estrela.

Oficialmente, esses são os primeiros mundos detectados fora do Sistema Solar, embora não fossem o que os astrônomos realmente estavam procurando – pequenos mundos rochosos formados em torno de um pequenino e poderoso emissor de radiação mortal para qualquer ser vivo conhecido. Apesar disso, o achado propiciou, no mínimo, um aumento de confiança. Se até pulsares poderiam ter planetas, o que não se dizer de estrelas comuns, ainda durante a fase ativa de suas vidas? A descoberta dos primeiros mundos em torno de estrelas como o Sol finalmente parecia próxima.

Mayor e Queloz iniciaram sua busca em abril de 1994, monitorando 142 estrelas que pareciam ser solitárias, sem fazer parte de sistemas binários. Um esforço de detecção astrométrica, como o de Kamp e seus colegas, estava fora de cogitação. Ainda assim, a dupla suíça planejava contar com o bamboleio gravitacional ocasionado pela presença de planetas ao redor da estrela. A única diferença seria o método para medir esse movimento.

Medição da velocidade radial

Os cientistas decidiram explorar um efeito com o qual somos muito familiarizados. Ele é tão comum, na verdade, que no século 19 já havia sido bem compreendido. O primeiro a explicá-lo foi o físico austríaco Christian Doppler (1803-1853), em 1842. A hipótese esclarecia, por exemplo, por que a sonoridade provocada por um objeto qualquer muda de acordo com o movimento que ele faz.

Um exemplo clássico é o das corridas de Fórmula 1, quando ouvimos o ronco do motor conforme ele passa pelo microfone. Essa mudança de frequência num som que deveria ser uniforme acontece porque o carro, quando vem, comprime a distância entre as ondas sonoras; quando vai, a estica. Doppler sugeriu que a mesma coisa também acontecia com a luz, uma vez que ela também apresentava comportamento ondulatório.

Mayor e Queloz queriam medir a oscilação de frequência da luz das estrelas conforme se aproximam e se afastam de nós, mobilizadas pela gravidade de um planeta ao seu redor. Para encontrar alguma coisa parecida com Júpiter fora do Sistema Solar, precisariam detectar diferenças de velocidade da ordem de 13 metros por segundo. Para tanto, conceberam um espectrógrafo em que a luz vinda do espaço era comparada à emitida por uma lâmpada de tório e argônio. Contrastando as linhas de Fraunhofer referentes a esses dois elementos na luz da estrela (em movimento) a seus dois equivalentes no espectro da lâmpada (parada), poderiam saber o quanto o espectro estelar estava se deslocando na direção do azul (se aproximando) ou do vermelho (se afastando).

Sacada perfeita, não fosse um detalhe: Gordon Walker, astrônomo da Universidade da Colúmbia Britânica, e Bruce Campbell, da Universidade de Victoria, no Canadá, já haviam desenvolvido essa técnica havia mais de uma década. Em 1988, a dupla chegou até a anunciar a possível descoberta de um planeta em torno de Gamma Cephei A, a 45 anos-luz da Terra. Contudo, temerosos pelo retrospecto dos primeiros caçadores de planetas, em 1992 eles renegaram a descoberta, admitindo que os dados colhidos estavam aquém do mínimo necessário para confirmar o achado. (Em 2002, o planeta anunciado cheio de dedos em 1988, e depois descartado, acabou confirmado. Se Campbell e Walker não tivessem feito sua retratação, provavelmente seriam considerados os primeiros a descobrir um planeta fora do Sistema Solar. Há de se admirar sua honestidade intelectual.) Em agosto de 1995, os canadenses publicaram na revista científica *Icarus* o artigo definitivo sobre a busca que conduziram em torno de 21 estrelas cuidadosamente escolhidas e monitoradas durante 12 anos: nada foi encontrado.

A essa altura, Mayor e Queloz já tinham detectado seu primeiro planeta, em torno da estrela 51 Pegasi, localizada a 50,9 anos-luz de distância. As medições de velocidade radial sugeriam uma variação brutal, da ordem de 55 metros por segundo, que só poderia ser explicada pela presença de um objeto com pelo menos metade da massa de Júpiter orbitando ao seu redor. E o detalhe sórdido: ele parecia completar uma volta em torno de sua estrela a cada 4,2 dias terrestres!

A descoberta foi anunciada durante uma conferência em Florença, na Itália, e deixou a comunidade astronômica em polvorosa. Poderia ser verdade? Quatro dias num telescópio bem equipado ofereceriam a resposta, e coube aos astrônomos americanos Geoffrey Marcy, da Universidade Estadual de San Francisco, e Paul Butler, da Universidade

4. PROJETOS E MÉTODOS PARA CAÇAR EXOPLANETAS | 89

da Califórnia em Berkeley, confirmar as medições. O planeta 51 Pegasi b, por mais improvável que fosse, estava mesmo lá. Ele acabou classificado como um Júpiter Quente, sem igual no Sistema Solar.

Marcy e Butler já estavam desenvolvendo sua técnica de medição havia uma década e colhendo dados de qualidade pelos últimos quatro anos, mas praticamente sem financiamento. Quem colocaria grandes somas de dinheiro numa pesquisa tão especulativa? Naquela época, poder computacional não era tão barato, e encontrar os planetas exigia mastigar os dados durante longas noites de processamento ininterrupto. Depois da descoberta de Mayor e Queloz, a grana finalmente começou a fluir, os americanos ganharam mais computadores e logo tomaram a dianteira na caça aos planetas fora do Sistema Solar. Em janeiro de 1996, já haviam analisado os dados de metade de sua amostra original de 120 estrelas. Em um anúncio feito durante a reunião da Sociedade Astronômica Americana, em San Antonio, Marcy apresentou, além da confirmação de 51 Pegasi, dois novos achados: um planeta com 2,4 vezes a massa de Júpiter completando uma volta em torno da estrela 47 Ursae Majoris a cada três anos, e outro com pelo menos 6,6 vezes a massa de Júpiter em torno da estrela 70 Virginis, completando uma volta a cada 117 dias.

A técnica de medição de velocidade radial comprovadamente funcionava, e a era dos exoplanetas havia começado. Agora era uma questão de aumentar esses números.

Os americanos passaram a usar um poderoso espectrômetro de uso geral instalado no telescópio Keck I, no Havaí, chamado HIRES (sigla para High Resolution Echelle Spectrometer), e rapidamente se tornaram os reis dos planetas fora do Sistema Solar. E pensar que, segundo Paul Butler, alguns anos antes eles eram vistos como os "patinhos feios" da comunidade astronômica:

No início, a maioria das pessoas nem conhecia Geoff e eu. Estávamos na Universidade Estadual de San Francisco, da qual ninguém no mundo da física ou da astronomia já tinha ouvido falar. Na pequena comunidade de especialistas em espectroscopia estelar e velocidades Doppler de precisão não éramos muito bem vistos. Quando estivemos numa reunião de verão em Harvard sobre velocidades de precisão em 1992, o consenso geral era o de que estávamos em quarto lugar, no máximo. Quando descrevi o esforço extraordinário que estávamos fazendo para construir modelos de computador com nossos dados, que exigiam seis horas de tempo de computador para analisar cinco minutos de dados do telescópio, riram na minha cara.

Marcy e Butler permaneceram na dianteira durante os anos seguintes, ao anunciar seus primeiros gigantes gasosos ferventes, em 1997, ao redor das estrelas Tau Boötis e 55 Cancri, e o primeiro sistema com múltiplos planetas, em torno de Upsilon Andromedae, em 1999. Os rivais do Observatório de Genebra também seguiram em frente com suas descobertas, enquanto se preparavam para instalar um novo espectrógrafo de alta resolução no telescópio de La Silla (com espelho principal de 3,6 metros), no Chile, pertencente ao ESO (Observatório Europeu do Sul). O HARPS (High Accuracy Radial velocity Planet Searcher) começou a operar em 2003 e devolveu a vantagem tecnológica aos europeus, mas a rivalidade era ferrenha.

Na década seguinte, diversos espectrógrafos dedicados à busca por exoplanetas foram inaugurados, reprisando o modelo do HARPS com o telescópio de La Silla. Um deles é o projeto CARMENES, que iniciou suas operações em 2016 no telescópio de Calar Alto (3,5 metros), fruto de um consórcio entre espanhóis e alemães, atingindo precisão de 1 metro por segundo. E a grande estrela dessa festa é o ESPRESSO, instalado no VLT (Very Large Telescope), um conjunto de quatro telescópios com espelhos de 10 metros. Suas operações começaram em 2018, com a ambição de atingir a resolução de 10 cm/s – necessária para detectar planetas com a massa da Terra em uma órbita como a terrestre em torno de uma estrela similar ao Sol. Esse objetivo não foi atingido até o começo de 2023, mas é uma questão de tempo. Nesse ínterim, o ESPRESSO já tem alguns feitos extraordinários, como a descoberta do planeta com menos massa já detectado por meio da técnica de medição da velocidade radial: ele orbita a estrela M (anã vermelha) conhecida como Proxima Centauri. É o sistema mais próximo do solar, a 4,2 anos-luz de distância. O pequeno mundo, conhecido como Proxima d, tem massa maior ou igual a 26% da terrestre e completa uma volta a cada 5,15 dias em torno de sua estrela. Sua descoberta foi de uma suspeita, em 2019, a uma quase certeza, em 2022, graças à boa resolução do espectrógrafo.

Proxima Centauri, por sinal, é um dos sistemas planetários de maior interesse para nós, afinal, é o que está mais próximo. Além desse planetinha, ele possui pelo menos mais um: Proxima b, oficialmente descoberto em 2016, a partir de dados do HARPS, já apresentado, e do UVES, um espectrógrafo de ultravioleta e luz visível instalado no VLT antes do ESPRESSO. O planeta tem aproximadamente a massa da Terra (107%) ou mais e completa uma volta em torno de Proxima Centauri a cada 11,2 dias. E o que torna o achado ainda mais interessante: nessa posição, ele estaria na zona habitável da estrela, recebendo radiação comparável à que nosso planeta recebe do Sol (mas a questão da habitabilidade é mais complicada que isso, como veremos oportunamente).

Há ainda a suspeita de um terceiro planeta, Proxima c, que teria massa pelo menos cerca de sete vezes maior que a da Terra, mas numa órbita muito mais aberta, com período de 5,3 anos. Contudo, os dados ainda são insuficientes para cravar a descoberta, inicialmente apresentada em 2019. O que nos dá ocasião para lembrar as dificuldades que o método de velocidade radial oferece. Em primeiro lugar, recapitulemos: ele está captando um sutil bamboleio estelar, que é essencialmente causado por atração gravitacional entre a estrela e seus planetas. A força da gravidade está atrelada às massas, de forma que o tamanho do bamboleio, calibrado pela massa estimada da estrela (que por sua vez se associa primariamente a seu tipo espectral), permite estimar a massa do planeta. Contudo, o que realmente se mede é o seno do ângulo de inclinação do plano da órbita do planeta com relação à linha de observação multiplicado pela massa. Perdão pelo matematiquês, mas o que ocorre é o seguinte: a órbita do planeta pode estar em qualquer inclinação com relação aos observadores aqui na Terra. Se o plano orbital estiver perfeitamente alinhado conforme visto daqui (de modo que os planetas passem à frente ou por trás da estrela ao girarem, com o sistema "de lado" com relação a nós), o efeito Doppler sobre a luz da estrela será o máximo. Em compensação, se estivermos vendo o sistema planetário "de cima" ou "de baixo", o zigue-zague da estrela será apenas lateral com relação a nós, e não teremos efeito Doppler apreciável (já que ela, em nenhum momento, estará se aproximando ou se afastando). O mais esperado, por mera

4. PROJETOS E MÉTODOS PARA CAÇAR EXOPLANETAS | 93

probabilidade estatística, é que essas circunstâncias sejam as menos comuns. O típico seria encontrar o sistema em um ângulo intermediário, nem perpendicular, nem paralelo, que, por isso mesmo, produziria uma medição do efeito Doppler que corresponde apenas a uma massa mínima (que seria igual à massa real em caso de alinhamento perfeito), mas provavelmente é um pouco maior (às vezes muito maior, se pensarmos em um alinhamento quase perfeitamente visto de cima, que quase zeraria o efeito Doppler).

Ainda assim, os astrônomos podem usar ferramentas adicionais para minimizar essa incerteza, como medições da rotação da estrela (planetas tendem a trafegar próximo ao equador, fruto do processo de formação do sistema) ou a busca por detecções do planeta por outros métodos (notadamente o do trânsito, sobre o qual falaremos em seguida).

Além disso, compõe a incerteza desses dados a necessidade de modelar por vezes interações complexas entre vários planetas e a estrela ao mesmo tempo. Se você pensar em um planeta só, grande e em uma órbita curta, como 51 Pegasi b, a variação de velocidade radial será grande e inconfundível – para lá e para cá, sucessivas vezes, com periodicidade clara.

Agora pense na confusão que é um sistema como o solar, com oito planetas de diferentes massas fazendo seus puxões gravitacionais sobre a estrela, cada um para um lado, dependendo de sua posição no momento. A oscilação do Sol seria majoritariamente pautada por Júpiter, mas outras variações surgiriam, fruto dos demais planetas. Para que os astrônomos possam separar os sinais de cada planeta, precisam fazer uma análise em camadas, do menos discreto para o mais discreto, modelando sistemas virtuais que produzam com

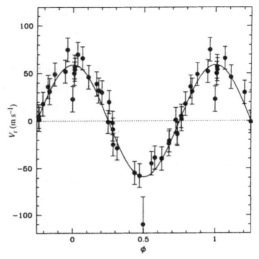

Figura 12. A medição da velocidade radial de 51 Pegasi, com seu padrão claro, já não deixava dúvidas, mesmo no artigo original de 1995. Claramente havia um planeta gigante numa órbita curta ao redor da estrela.

[CRÉDITO: Michel Mayor e Didier Queloz/Nature]

fidelidade o efeito observado. No caso de Proxima Centauri, o efeito do planeta c, a despeito de sua massa supostamente maior, é discreto, dada a distância e a longa periodicidade, a ponto de poder nem estar lá na verdade e não passar de um falso positivo.

Acontece. Afinal, temos de levar em conta que não é só o efeito Doppler gravitacional que "modula" variações de velocidade radial na estrela. Podemos ter fenômenos do próprio astro, como o surgimento de manchas e erupções estelares, além de sua própria rotação, que podem dar a impressão de sinais de velocidade radial que na verdade não correspondem a planetas.

Resumindo a ópera: a técnica de detecção que inaugurou a era dos exoplanetas é mais sensível a planetas com maior massa e mais próximos de suas estrelas. Detectar astros menos massivos ou com órbitas mais longas é mais difícil não só em razão da redução da distância entre sinal e ruído, mas também pelo fato de que é preciso observar por mais tempo, durante longos anos, para se assegurar da periodicidade kepleriana do sinal (ou seja, que respeita as leis de Kepler, sugerindo uma natureza planetária). Mayor e Queloz ganharam o Prêmio Nobel em Física de 2019 por seu achado espetacular de 1995, que inaugurou uma nova era na astronomia. Mas mesmo eles sabiam que a formação de um quadro mais claro dos sistemas exoplanetários dependeria de outras técnicas complementares à da medição da velocidade radial. Felizmente, desde o começo, houve outros pesquisadores trabalhando nelas. E os resultados mais espetaculares ainda estariam por vir.

Fotometria de trânsitos planetários

Uma alternativa imediatamente especulada por astrônomos para a detecção de exoplanetas é a de captar minieclipses, conforme eles passam à frente de sua estrela. Não é uma ideia tão fácil de executar quanto soa. Sai de cena a espectrometria da detecção de velocidade radial e entra a fotometria – a medição precisa do brilho de um astro. Ocorre que a redução que um planeta causaria no brilho da estrela ao passar à frente dela era, na melhor das hipóteses, de uns poucos por cento. Mais tipicamente, muito menos que isso. Exemplo: a Terra passando à frente do Sol causaria uma redução de apenas 0,008% no brilho.

Além disso, estamos falando de uma técnica que exige um alinhamento muito mais perfeito do que a de velocidade radial, que consegue detectar e medir (ao menos parcialmente) a massa de planetas em uma enorme variedade de planos orbitais. No caso dos trânsitos planetários, só um alinhamento preciso do sistema com relação à Terra permite a detecção. Precisamos olhá-lo "de lado", por assim dizer, caso contrário os planetas nunca passam à frente de sua estrela do nosso ponto de vista.

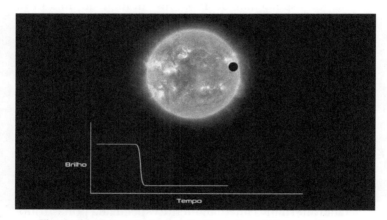

Figura 13. Fotometria de trânsitos planetários: conforme o planeta passa à frente da estrela, produzindo um minieclipse, um fotômetro mede a sutil redução de brilho da estrela, por estar parcialmente bloqueada.
[CRÉDITO: ESA]

O primeiro mundo detectado com esse método foi um Júpiter Quente orbitando a estrela HD 209458, e sua passagem à frente do astro (reduzindo seu brilho em 1,7%) foi registrada independentemente por dois grupos, um

4. PROJETOS E MÉTODOS PARA CAÇAR EXOPLANETAS | 97

liderado por David Charbonneau, da Universidade Harvard, e outro por Gregory Henry, da Universidade Estadual do Tennessee. A detecção, em 1999, demonstrou a viabilidade dessa estratégia que se tornaria importante para as primeiras plataformas espaciais dedicadas a encontrar planetas fora do Sistema Solar: o satélite franco-europeu CoRoT, que colheu dados no espaço entre 2007 e 2012 e descobriu 34 exoplanetas, e o americano Kepler – que mudaria radicalmente a dinâmica da busca. Com ele veríamos uma explosão na descoberta de exoplanetas.

A história do Kepler começa antes mesmo que os primeiros exoplanetas fossem descobertos. Em 1983, William Borucki, astrônomo do Centro Ames de Pesquisa da NASA, começou a pesquisar o potencial da técnica para a detecção de mundos do tamanho da Terra durante um trânsito. Quase uma década depois, o pesquisador sentiu que a ideia estava suficientemente amadurecida para propor um telescópio espacial à agência espacial americana. Foi em 1992 que o projeto foi submetido como uma possível missão da classe Discovery, programa criado em 1990 para financiar projetos mais rápidos e mais baratos que as típicas espaçonaves interplanetárias da época. A proposta de Borucki, contudo, foi rejeitada. Quem poderia culpar essa decisão, dado que nem se sabia ao certo se de fato havia outros planetas lá fora?

O cientista tratou de passar a década seguinte amadurecendo as tecnologias necessárias para a missão – e ocasionalmente tentando convencer a NASA a financiá-la. O projeto ganhou em 1994 o nome FRESIP, acrônimo para *FRequency of Earth-Size Inner Planets*, ou Frequência de Planetas Internos do Tamanho da Terra. O nome pouco charmoso já dava pistas de qual viria a ser o objetivo do projeto: mais que simplesmente descobrir exoplanetas, a ideia era produzir uma espécie de censo, identificando com que frequência mundos de porte similar ao nosso são gestados nas regiões mais internas das imediações de uma estrela. Em 1996 o projeto foi rebatizado de Kepler, com justiça: afinal, havia sido Johannes Kepler o responsável, ainda no século 17, por decifrar as leis de movimento planetário – que seriam a chave para converter sinais de trânsitos periódicos em parâmetros orbitais desses mundos ainda por serem descobertos. E foi apenas na quinta proposição da missão, em 2001, que a NASA finalmente julgou que a tecnologia estava suficientemente madura para viabilizar a ousada empreitada.

Dali ao lançamento, seriam quase oito anos, até 6 de março de 2009. A espaçonave era relativamente simples, um telescópio com um espelho de 95 cm (pois é, menos de um metro!), mas com uma abertura de 105 graus quadrados (diâmetro equivalente a 12 graus), com o objetivo de registrar um pedaço razoável do céu de uma vez só. Ao telescópio, havia um único instrumento conectado: um fotômetro, composto por um conjunto de 42 CCDs (sigla para *charge coupled devices*, basicamente sensores que convertem luz em sinais eletrônicos – a base para as câmeras digitais que agora equipam os bolsos de todo mundo nos telefones celulares). Cada CCD do Kepler era capaz de produzir uma imagem de 2.200 por 1.024 pixels (mais ou menos o mesmo que o padrão Full HD de televisões), que era lida a cada três segundos e então integrada nas observações.

Colocado em uma órbita similar à que a Terra faz ao redor do Sol (na verdade, o Kepler "perseguiria" a Terra, num trajeto ligeiramente maior e mais lento, de 372,5 dias), ele seria permanentemente apontado para uma direção do céu cuidadosamente escolhida por sua alta densidade de estrelas, na região das constelações do Cisne e da Lira.

4. PROJETOS E MÉTODOS PARA CAÇAR EXOPLANETAS

Em comparação com o céu inteiro, era uma parte pequena – 0,25% da abóbada celeste. Ainda assim, o plano era monitorar constantemente cerca de 150 mil estrelas (o desempenho acabou além do esperado, registrando com sucesso mais de 170 mil).

Por que tantas? Bem, lembre-se de que os trânsitos planetários exigem um alinhamento preciso do sistema com o telescópio. Como essa distribuição é largamente aleatória, apenas 5% de todas as estrelas observadas teriam seu sistema de tal modo alinhado para permitir que o Kepler flagrasse os trânsitos.

Em janeiro de 2010, pouco menos de um ano após o lançamento, os primeiros exoplanetas descobertos pelo satélite foram anunciados – todos eles Jupíteres Quentes, à moda de 51 Pegasi b. Mas o primeiro baque na comunidade científica (e no público) produzido pelo telescópio espacial veio quando, em fevereiro de 2011, Borucki apresentou a primeira lista parcial de "candidatos a planeta", compilados a partir dos primeiros quatro meses de observação científica.

O salto naquela região do céu foi de 3 planetas conhecidos para... 1.235 possíveis mundos detectados. Quando pensamos que a humanidade passou séculos se perguntando se planetas eram comuns ou uma aberração do Sistema Solar, ver algo assim em uma apresentação científica é de encher os olhos de água.

Claro, importante lembrar que esses eram "candidatos a planeta". Por que a terminologia? Porque todo trânsito precisava ser cuidadosamente checado. A periodicidade precisava ser confirmada, o que, por padrão, pedia pelo menos três órbitas (idealmente quatro). Também era preciso tentar descartar fenômenos da própria estrela, como manchas transitando por sua superfície e dando a impressão de planetas.

Por fim, para muitos casos, era importante ter também medições da velocidade radial (técnica então já reconhecida como eficaz para detectar exoplanetas), confirmando que os trânsitos eram o que pareciam ser.

Ainda assim, a enormidade das descobertas era clara. Até porque estamos falando de um telescópio capaz de detectar no máximo 5% dos sistemas presentes, com um viés para os que tivessem planetas mais próximos de sua estrela. (Não é difícil entender o porquê: quanto mais espaçado é um sistema, maior a chance de uma pequena inclinação impedir que um trânsito aconteça. Mesmo em sistemas que tiveram planetas detectados, não é nada improvável que muitos deles tenham outros, ainda por ser descobertos, que, por orbitarem mais distantes da estrela, não realizam trânsitos. Ou mesmo não tiveram tempo de fazer um durante o tempo de trabalho do Kepler.)

A missão foi originalmente planejada para durar 3,5 anos, o suficiente para mapear possíveis planetas comparáveis à Terra (o limite da tecnologia impunha um tamanho um pouco maior que o do nosso planeta) em órbitas parecidas com a nossa em torno de estrelas similares ao Sol. Em 3,5 anos, você pode acomodar três trânsitos de um planeta que completa uma volta em sua estrela a cada 365 dias. Tudo para fazer o tal censo e descobrir com que frequência mundos de porte similar ao da Terra trafegam nas zonas habitáveis de suas estrelas.

O projeto poderia ter prosseguido por ainda mais tempo, não fosse um problema técnico: o satélite era equipado com quatro rodas de reação, estruturas que giram dentro dele e transferem momento para manter o telescópio firmemente apontado na mesma direção do céu. Ele precisava de três delas para controlar o movimento nos três eixos possíveis.

4. PROJETOS E MÉTODOS PARA CAÇAR EXOPLANETAS | 101

Quando pifou a primeira, sobressalente, a quarta entrou em ação. Mas, em maio de 2013, quando uma segunda roda de reação falhou, tornou-se impossível manter o apontamento.

Agora, se tem uma coisa que você já deve ter percebido é que William Borucki e sua equipe não desistem fácil. Após matutar por alguns meses, os pesquisadores tiveram uma ideia para retomar as observações com o satélite, mas em um novo modo de operação. Eles usariam a pressão da radiação emitida pelo Sol (as partículas de luz entregam um sutil impulso quando incidem sobre uma superfície, algo que permite, por exemplo, a operação de veleiros solares no espaço) como um dos estabilizadores axiais, combinado às rodas de reação remanescentes para ter estabilidade em três eixos.

Isso exigiria apontar o telescópio sempre na direção da eclíptica (a linha imaginária que representa o plano da órbita da Terra), por onde se distribuem as constelações do zodíaco. E, claro, conforme o satélite fosse avançando em sua órbita em torno do Sol, seria necessário reapontá-lo para recuperar o efeito estabilizador da luz solar. Isso permitiria passar cerca de três meses de cada vez observando um campo do céu.

A nova missão, batizada de K2 e iniciada em maio de 2014, não teria a mesma capacidade censitária da original, mas produziria muitas outras descobertas, apesar do tempo limitado de observação de cada campo. Em 2015, Borucki se aposentaria, mas o Kepler, na missão K2, seguiria na ativa até 2018.

É importante notar que, a despeito de o satélite já ter sido desativado, novas descobertas seguem sendo feitas com a análise dos dados produzidos. Os responsáveis pela missão criaram softwares e processos para fazer "peneiradas" iniciais, mas há muito que o sistema automatizado não detecta, apenas aguardando um olhar humano mais atento para ser revelado.

O placar: em fevereiro de 2023, havia pouco mais de 5.240 exoplanetas descobertos, dos quais 2.708 foram achados pela missão Kepler e outros 543 por sua continuação, a K2. E tenha em mente que esses são apenas os confirmados. Entre sinais candidatos ainda aguardando análise e verificação, o Kepler nos legou outros 2.054, e a missão K2, 978. Estima-se que menos de 10% deles devam ser falsos positivos. É planeta que não acaba mais.

E quanto ao censo? Bem, análises estatísticas dos dados do satélite revelaram que há, no mínimo, tantos planetas quanto estrelas na Via Láctea. Mundos rochosos, como a Terra, de porte similar ao nosso, são bastante comuns. Parecem ser extremamente frequentes em estrelas de tipo espectral M, as famosas anãs vermelhas. Mesmo em astros maiores e mais parecidos com o Sol (tipos K e G), esses planetas são comuns e com frequência figuram na zona habitável de suas estrelas. Um estudo publicado em 2013 e encabeçado por Erik Petigura, da Universidade da Califórnia em Berkeley, demonstrou que, com base nos dados do Kepler, é possível extrapolar uma frequência de planetas de porte terrestre na zona habitável de estrelas G e K em 22%. Ou seja, a cada cinco sóis similares ao nosso, devemos encontrar um planeta de porte similar, numa órbita que o colocaria, ao menos em princípio, em condições de abrigar vida. É uma estatística de deixar humildes os terráqueos.

O legado do Kepler e dos trânsitos planetários segue avançando na forma de novos projetos. Em 2018, a NASA lançou um novo telescópio espacial, o TESS (sigla para *Transiting Exoplanet Survey Satellite*, ou Satélite de Pesquisa de

Trânsitos de Exoplanetas). Focado em explorar uma área do céu muito maior que a do Kepler (400 vezes maior, cobrindo quase toda a abóbada celeste), mas só uns poucos dias de cada vez – a exemplo da missão K2 –, o TESS tem um objetivo diferente: em vez de realizar um censo estatístico aplicável à Via Láctea, a meta é encontrar planetas mais próximos que possam ser estudados em mais detalhes por outros telescópios em solo ou no espaço, como o James Webb, lançado em 2021. Até fevereiro de 2023, o TESS descobriu mais 287 exoplanetas confirmados, e restam cerca de 4 mil sinais à espera de confirmação ou descarte.

Vale ainda uma menção ao satélite Cheops (acrônimo para *CHaracterising ExOPlanet Satellite*, ou Satélite de Caracterização de Exoplanetas). Lançado pela ESA (Agência Espacial Europeia) em 2019, ele também trabalha com a observação de trânsitos planetários, não focado no descobrimento de novos mundos, mas sim na produção de observações de alta precisão de exoplanetas já descobertos.

Microlentes gravitacionais

A despeito dos números superlativos (ainda mais para uma civilização que passou todo o tempo, salvo as últimas três décadas, conhecendo apenas os planetas de seu próprio sistema), os mundos que já catalogamos são apenas uma pequena fração do total existente só em nossa Via Láctea (para não mencionar todas as outras galáxias). A maioria deles está a menos de 8 mil anos-luz de distância, distribuída por um facho na direção das constelações de Cisne e Lira (legado do Kepler). Outros tantos estão numa bolha ao redor do Sistema Solar que se estende por não muito mais que uns 2 mil anos-luz.

Isso já demonstra que detectar planetas em sistemas muito distantes é difícil – a sensibilidade requerida dos telescópios para captá-los por métodos como a medição da variação de velocidade radial ou a fotometria de trânsitos é alta demais para praticamente todos os nossos equipamentos atuais. Contudo, há um método de descoberta de exoplanetas que permite até mesmo a detecção a distâncias maiores, comparáveis ao tamanho da galáxia. São as microlentes gravitacionais.

Apesar de as estrelas parecerem estar "paradas" no céu, sabemos que todas elas estão se deslocando (bem como o Sol, arrastando consigo o Sistema Solar) em alta velocidade, orbitando o centro da galáxia. Apenas com observações realizadas ao longo de muito tempo (de preferência séculos para cima), é possível notar que suas posições relativas umas com relação às outras mudam gradualmente, pois não têm a mesma velocidade orbital.

Isso também permite que, de vez em quando, uma estrela passe à frente de outra, bem mais distante, com relação ao nosso ponto de vista. Ao se interpor à mais distante, produz um fenômeno de microlente gravitacional: a gravidade da estrela mais próxima age como uma lente, desviando os raios de luz e ampliando temporariamente o brilho da estrela de fundo.

Agora, imagine que a estrela mais próxima tem também um planeta comparável a Júpiter. Ao transitar à frente da estrela de fundo, haverá um evento duplo de microlente gravitacional, o primeiro causado pela estrela, mais intenso, e o segundo provocado por um planeta que vem logo em seguida, menor (já que ele tem bem menos gravidade que a estrela), mas ainda assim notável.

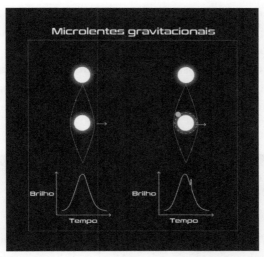

Figura 14. Quando uma estrela mais próxima passa à frente de uma mais distante, produz um efeito de microlente gravitacional, aumentando o brilho total. Se ela tem um planeta ao seu redor, o padrão da microlente pode revelar sua presença.

[CRÉDITO: ESA]

O grande desafio é prever quando esses trânsitos acontecem. No momento, é impraticável, o que não significa que os cientistas não possam explorar o fenômeno. O segredo aí é lançar mão de grandes varreduras, monitorando constantemente várias partes do céu, em busca de ocorrências fortuitas de microlentes gravitacionais.

Com efeito, em 2003, os projetos OGLE (*Optical Gravitational Lensing Experiment*), coordenado pela Universidade de Varsóvia, na Polônia, e MOA (*Microlensing Observations in Astrophysics*), liderado a partir da Universidade de Nagoia, no Japão, descobriram conjuntamente o primeiro exoplaneta por meio dessa técnica: um astro com cerca de 2,6 vezes a massa de Júpiter orbitando a umas 4,3 unidades astronômicas de sua estrela, uma anã laranja K5, menor e mais fria que o Sol. Distância: cerca de 19 mil anos-luz.

Em duas décadas, pouco menos de cem planetas foram descobertos por esse método, com distâncias que se estendem a até 25 mil anos-luz, próximo ao centro da Via Láctea.

Figura 15. Nosso modesto mapeamento de exoplanetas até agora, comparado à vastidão da Via Láctea. A maioria das descobertas está numa pequena bolha em torno do Sol. A faixa que se estende numa direção é o mapeamento feito pelo satélite Kepler. E, salpicados na direção do centro da Via Láctea, alguns dos planetas mais distantes descobertos por microlentes gravitacionais.
[CRÉDITO: NASA/JPL-Caltech/R. Hurt (IPAC)]

Uma das vantagens da técnica é que ela privilegia planetas menores e mais distantes, se comparada às duas mais tradicionais (trânsito e velocidade radial). É verdade que os planetas produzem microlente menor e menos perceptível

4. PROJETOS E MÉTODOS PARA CAÇAR EXOPLANETAS | 107

que a das próprias estrelas, mas ainda assim a diferença de magnitude é muito menor do que a existente com os outros métodos, o que facilita a detecção de mundos de porte mais modesto.

Outra vantagem é que os eventos de microlente não exigem a presença de uma estrela necessariamente: é possível detectar um único evento, pequeno demais para refletir a presença de uma estrela, que corresponda a um astro de porte planetário. Isso já permitiu que a estratégia de busca encontrasse um punhado de "planetas errantes", ou seja, astros que hoje vagam pela galáxia sem uma estrela-mãe, possivelmente ejetados de seus sistemas de origem por interações gravitacionais. Não há, no momento, outro meio prático de revelar esses mundos solitários.

Em contrapartida, as microlentes também trazem algumas desvantagens significativas. Como muitas das descobertas são feitas a distâncias muito grandes, esses exoplanetas acabam não sendo reconfirmados por outros métodos, o que implica que são vistos uma vez e depois nunca mais. Passado o fenômeno da microlente, é extremamente improvável que ele volte a ocorrer em um tempo razoável – são observações não repetíveis. Então é como se tivéssemos apenas uma única "fotografia" estática (uso entre aspas porque não é uma foto de fato) do sistema observado, mas não um "filme" (uma sequência de observações que permitiria o acompanhamento mais detalhado). O grau de incerteza dos parâmetros do planeta detectado, bem como o de incompletude do sistema (é provável que outros astros não estivessem alinhados adequadamente para produzir microlentes) são grandes. Não por acaso são bem incomuns os sistemas multiplanetários revelados por essa técnica.

Imageamento direto

Parece ser o truque mais óbvio para tentar detectar exoplanetas: vê-los diretamente através de imagens telescópicas. Mas não se engane – é algo extremamente complexo. Os problemas são essencialmente dois: em contraste com as distâncias interestelares, a separação entre planetas e sua estrela-mãe pode ser bem pequena, o que torna difícil "separar" um objeto do outro. Para além disso, há o fato de que estrelas são absurdamente mais brilhantes que seus planetas – como já citamos antes, algo como 1 bilhão de vezes, em luz visível.

Contudo, uma combinação de fatores, a partir da primeira década do século 21, tornou pelo menos alguns poucos planetas detectáveis por imageamento direto. Como regra geral, é mais fácil observá-los quando estão mais afastados do astro central, são de grande porte, são observados não em luz visível, mas em comprimentos de onda do infravermelho, e são jovens (emitindo ainda um bocado de calor de formação, o que aumenta seu brilho em infravermelho).

Ainda assim, para que seja possível vê-los, na imensa maioria dos casos é preciso bloquear a luz do astro central com um equipamento chamado coronógrafo, instalado no telescópio.

Essas são as circunstâncias de praticamente todos os exoplanetas imageados diretamente até hoje.

Uma exceção foi o primeiro, que dispensou o coronógrafo, e se encontra em circunstâncias ainda mais peculiares: trata-se de um planeta com algo entre 3 e 10 vezes a massa de Júpiter orbitando uma anã marrom de cerca de 25 massas de Júpiter, ou seja, uma estrela abortada, incapaz de sustentar fusão nuclear e, por isso mesmo, bem mais fria que uma estrela típica.

O sistema é bem jovem, com idade estimada entre 5 milhões e 10 milhões de anos, e foi descoberto em 2004 durante uma varredura de céu em infravermelho conduzida pelo projeto 2MASS, com o VLT, do ESO. A luminosidade não muito díspar entre os dois corpos, bem como sua separação razoável (cerca de 40 UA, ou 40 vezes maior que o afastamento entre a Terra e o Sol), permitiram a descoberta, mesmo a respeitáveis 172 anos-luz de distância. O planeta 2M1207 b, localizado na constelação da Hidra, foi também o primeiro a ser descoberto orbitando uma anã marrom.

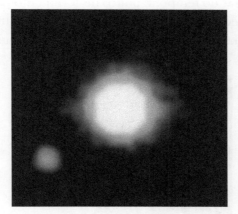

Figura 16. A anã marrom 2M1207 e seu exoplaneta, o primeiro a ser imageado diretamente, registrado em infravermelho pelo VLT, em 2004.

[CRÉDITO: ESO]

Já o primeiro sistema multiplanetário observado diretamente foi descoberto em 2007 e anunciado em 2008, com imagens feitas a partir dos observatórios Keck e Gemini. A estrela é a HR 8799, localizada a 133 anos-luz daqui, na constelação do Pégaso. De início foram detectados três, mas hoje se sabe que há ao menos quatro planetas ao redor do astro central, com massas entre 6 e 9 vezes maiores que a de Júpiter, distribuídos a distâncias que vão de 16 UA (o mais interno) a 71 UA. De novo, estamos falando de um sistema jovem, cerca de 30 milhões de anos, o que ajuda a reduzir o contraste entre o brilho da estrela e dos planetas (em infravermelho). Aqui foi preciso um coronógrafo para bloquear o astro central e revelar os companheiros menores. E o que há de mais encantador com a descoberta é o monitoramento constante do sistema, o que revelou movimento dos planetas com o passar do tempo. É pouco deslocamento para menos de duas décadas de observação (lembre-se, planetas mais distantes da estrela avançam mais devagar em suas órbitas,

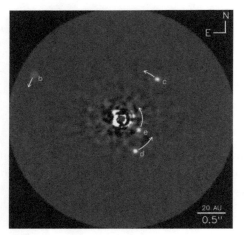

Figura 17. Os quatro planetas descobertos por imageamento direto ao redor da estrela HR 8799.
A imagem é em infravermelho, e a estrela central é bloqueada por um coronógrafo, em imagem do telescópio Keck II.
[CRÉDITO: NRC-HIA/C. Marois/Keck Observatory]

4. PROJETOS E MÉTODOS PARA CAÇAR EXOPLANETAS | 111

cortesia de Johannes Kepler), mas ainda assim mais do que suficiente para confirmar o que estamos vendo – o que revela uma vantagem óbvia do imageamento direto com relação a outros métodos indiretos: não é preciso esperar a conclusão de várias órbitas para confirmar o padrão kepleriano dos objetos. Os mundos de HR 8799 foram os primeiros a ter seu movimento orbital confirmado por imageamento direto.

Em 2022, o Telescópio Espacial James Webb, com seu poder aguçado de observação em infravermelho, fez sua primeira imagem direta de um exoplaneta, o HIP 65426 b, que tem entre 6 e 12 vezes a massa de Júpiter e segue a receita básica de detecção desses objetos: é jovem (15 a 20 milhões de anos) e afastado de sua estrela (cerca de 100 UA). Um coronógrafo esteve no jogo para permitir a detecção do astro, que, no infravermelho próximo, tem apenas um décimo de milésimo do brilho de sua estrela-mãe (bem melhor que o 1 bilionésimo típico de um planeta maduro ao redor de uma estrela de tipo solar em luz visível).

No fim das contas, com todas as dificuldades e restrições, apenas um punhado de exoplanetas foram descobertos por imageamento direto ao longo das últimas duas décadas, mas o número deve crescer conforme as técnicas de detecção, com coronógrafos melhores e telescópios maiores e mais sensíveis, forem aparecendo. Mesmo do jeito que está, a técnica é muito útil para estudar sistemas planetários recém-formados; sobretudo, para buscar mundos bastante afastados de sua estrela – ponto fraco das duas técnicas mais prestigiadas, a da medição de velocidade radial e da fotometria de trânsitos planetários.

Astrometria e outras ideias

Ainda há outros métodos que permitem a descoberta de exoplanetas, a começar pelo que iniciou o campo (e produziu todas as falsas detecções de meados do século 20): a astrometria.

Como dito no capítulo anterior, consiste em medir a sutil variação da posição da estrela com o passar do tempo, em razão de puxões gravitacionais que planetas causam sobre ela conforme avançam em suas órbitas. A ideia em si é totalmente razoável, e o que faltou aos astrônomos do passado foi precisão suficiente nas observações para produzir resultados confiáveis – o que a essa altura já se tornou problema superado.

Em 2002, o Telescópio Espacial Hubble demonstrou o uso de astrometria para detectar um planeta previamente descoberto em torno da estrela Gliese 876. E o satélite Gaia, da ESA (Agência Espacial Europeia), lançado em 2013, vem produzindo o maior censo astrométrico de estrelas já realizado, observando mais de 1 bilhão de objetos. Como a detecção de exoplanetas por astrometria é um processo dinâmico (é necessário observar a mudança de posição da estrela durante um longo período para poder correlacionar com a presença de exoplanetas ao seu redor), o Gaia até 2023 apresentou apenas alguns candidatos, mas deve acabar confirmando milhares deles até o fim da missão. Com efeito, os dados do Gaia já têm ajudado a estudar exoplanetas previamente descobertos por velocidade radial, corroborando os achados.

Também há a perspectiva de usar polarimetria (o fato de que as ondas de luz podem ganhar uma direção de oscilação preferencial) para a descoberta de exoplanetas. O truque é antigo e bem conhecido, e quase com certeza você já o viu em ação: já foi ao cinema ver um filme 3D? O que temos ali são duas projeções de imagem, com polarizações diferentes, uma das quais é filtrada pela lente esquerda dos óculos, e a outra, pela direita. Assim, pode-se entregar uma imagem em cada olho, produzindo o efeito estereoscópico que cria a ilusão tridimensional (e é por isso que, sem os filtros dos óculos, tudo que você vê são duas imagens sobrepostas, já que seu olho não faz sozinho essa discriminação de polaridade da luz).

Para detectar planetas, a ideia é semelhante. A luz emitida por uma estrela não é polarizada, mas a que é refletida pela atmosfera de um planeta, após interagir com moléculas presentes nela, ganha polarização. Assim, a ideia dos astrônomos é usar um equipamento chamado polarímetro para bloquear a luz não polarizada e captar apenas a que sofreu polarização, separando assim o que vem exclusivamente de um ou mais planetas. A estratégia já foi usada com sucesso para captar, em 2008, a luz do planeta HD 189733 b, embora esse mundo já houvesse sido descoberto três anos antes. Até março de 2023, não havia descoberta independente de um exoplaneta por polarimetria, mas instrumentos estão sendo desenvolvidos para tentar fazer isso.

Também vale destacar aqui as observações feitas por micro-ondas e infravermelho distante, que ajudam a estudar o ambiente de formação dos exoplanetas. O observatório ALMA (*Atacama Large Millimeter/submillimeter Array*), no norte do Chile, é um conjunto de 66 antenas, distribuídas sobre um platô a cerca de 5.000 metros de altitude, que opera pelo princípio de interferometria. A ideia é que as observações de cada antena sejam integradas, como se, em vez de 66 pequenos radiotelescópios, houvesse um enorme, do tamanho da maior distância entre as antenas. O observatório, construído a um custo de US$ 1,4 bilhão, iniciou observações científicas em 2011 e se tornou totalmente operacional em 2013. Desde então, tem produzido imagens espetaculares dos discos de formação planetária, com seus anéis concêntricos e sulcos, alguns dos quais indicativos do surgimento de astros planetários.

Embora todas as técnicas de detecção do exoplanetas pareçam limitadas e desafiadoras, fato é que cada uma delas parece entregar uma peça do quebra-cabeça. Aos poucos, com um número cada vez maior de planetas descobertos, os astrônomos começam a ter dados estatísticos suficientes para compreender que caminhos podem ser percorridos na formação de um sistema solar – o que ajuda a colocar o nosso, o único conhecido até o fim do século passado, no contexto de uma família muito mais ampla.

5. Diversidade na Arquitetura de Sistemas Planetários

Até 1995, o princípio copernicano – segundo o qual a Terra é só mais um planeta dentre os vários do Sistema Solar, e o Sol, por sua vez, é só mais uma estrela das incontáveis que existem no Universo – orientou os astrônomos a imaginar que os exoplanetas, se fossem comuns, seguiriam mais ou menos a organização e os padrões vistos aqui no nosso quintalzinho cósmico. Qual não foi a surpresa quando logo a primeira descoberta, 51 Pegasi b, se revelou um mundo completamente diferente dos que temos aqui. Um gigante gasoso como Júpiter, verdade, mas numa órbita ultracurta, com período de pouco mais de quatro dias terrestres, numa configuração inesperada – para dizer o mínimo. De fato, os estudiosos da formação de planetas, até então tendo apenas o Sistema Solar como modelo, consideravam que uma organização como a vista em 51 Pegasi era, para resumir a história, impossível.

Esse foi apenas o primeiro dos vários choques que a astronomia levou na última década do século 20. Também foram encontrados exoplanetas com órbitas altamente excêntricas (no sentido geométrico do termo, ou seja, perfazendo elipses bastante achatadas), bem diferentes dos traçados quase circulares (mas ainda assim perceptivelmente elípticos, como Kepler constatou no século 17) que percorrem os mundos da família solar.

Com a enxurrada de sistemas descobertos no início do século 21, em particular com a espetacular missão do telescópio espacial Kepler, da NASA, essa variedade só se acentuou. Ficou constatado que planetas são de fato objetos extremamente comuns e surgem até mesmo em sistemas onde antes se considerava impossível – por exemplo, em torno de estrelas binárias próximas, tendo mundos que circundam o par. Diversos exemplos de planetas circumbinários já foram descobertos, alguns dos quais na chamada zona habitável, demonstrando que algo antes considerado meramente um artefato da ficção científica, como o planeta Tatooine, lar de Anakin e Luke Skywalker na saga cinematográfica *Star Wars*, longe de ser devaneio artístico, é realidade física bem concreta.

Com todas essas novidades, os dinamicistas tiveram de voltar às pranchetas e refinar suas teorias sobre a formação de planetas, de modo a contemplar todas as possibilidades observadas. O que pode soar mais fácil do que é de fato. O caminho pelo qual mundos feitos emergem do disco de acreção de gás e poeira que se forma em torno de uma estrela nascente é cheio de percalços, detalhes e acidentes. A começar pelo próprio gatilho que dispara seu surgimento.

Há duas receitas básicas para a formação de planetas: uma é a acreção de núcleos e outra é a instabilidade de disco. A primeira é basicamente o modelo tradicional, em que grãos cada vez maiores vão se unindo por colisão

5. DIVERSIDADE NA ARQUITETURA DE SISTEMAS PLANETÁRIOS | 117

dentro do disco, formando rochas maiores que se agregam em núcleos planetários que finalmente atingem massa suficiente para atrair de forma significativa, por gravidade, mais material presente ao seu redor. A segunda segue um roteiro mais parecido com o da formação de uma estrela, em que uma diferença de densidade no gás do próprio disco faz com que parte dele colapse diretamente, por gravidade, para formar um planeta.

Ainda há debate, mas a opinião majoritária é de que os planetas do Sistema Solar, bem como aqueles que se formaram relativamente próximos de suas estrelas-mãe, a no máximo umas poucas dezenas de unidades astronômicas, muito provavelmente são produto de acreção de núcleos. Porém, para planetas gigantes formados bem distantes de sua estrela, como é o caso dos quatro observados diretamente no sistema HR 8799, a hipótese de instabilidade do disco se torna bem mais atraente. Todos os quatro são superjupíteres, ou seja, têm massa bem superior à de Júpiter (entre 6 e 9 vezes, dependendo do planeta) e estão bastante afastados da estrela. O mais interno visto, HR 8799 e, tem distância média de 16 UA (pouco menos que Urano no Sistema Solar, a 19,8 UA do Sol), e o mais externo, HR 8799 b, 71 UA (muito mais afastado do que o nosso Netuno, a 30 UA do Sol).

É uma discussão que é travada essencialmente para planetas gigantes gasosos. Para os menores, rochosos, não há outro caminho conhecido para sua formação que não seja por acreção de núcleo.

Outra revelação bombástica sugerida pelas descobertas já realizadas é a de que planetas migram – não necessariamente ficam no local do sistema em que começam a surgir. Esse é o principal mecanismo a explicar como planetas gigantes gasosos como 51 Pegasi b foram parar nas órbitas ultracurtas em que se encontram hoje, bem mais internas que a de Mercúrio no Sistema Solar. Os modelos de formação não sugerem caminhos viáveis para o surgimento de planetas gigantes muito próximos à estrela – basicamente porque ela "sopra" com sua radiação e seu vento estelar os gases das regiões mais internas do disco de acreção, esvaziando-as antes que possam formar tais mundos gigantes.

Analisando processos dinâmicos que devem acontecer na interação entre planetas em formação e os discos de acreção, os astrônomos concluem que há dois tipos principais de migração. A de tipo I é mais lenta e suave, e envolve a interação gravitacional do próprio disco com um planeta de pequeno porte, fazendo-o se deslocar para dentro ou para fora. A de tipo II é mais agressiva e acomete os planetas gigantes gasosos, que abrem um vão na região do disco por onde trafegam, o que acaba induzindo a uma rápida migração para dentro, que só terminaria com a dissipação do disco. É por esse mecanismo que devem surgir os tais júpiteres quentes, com suas órbitas ultracurtas. E é certo que muitos planetas migraram até serem engolidos por suas estrelas. Nesse processo de migração, encontram outros planetas em formação, produzindo potenciais colisões ou estilingues gravitacionais. Por vezes são colocados em órbitas altamente excêntricas. Em outras, são ejetados completamente do sistema e ficam vagando pelo espaço interestelar, como planetas errantes. Muita coisa pode acontecer nos primeiros milhões de anos da formação de um sistema, que o tornará algo muito próximo de único.

Esquadrinhar todos esses processos, seja na tentativa de entender o que estamos observando em sistemas jovens em formação, seja para fazer uma engenharia reversa de como sistemas antigos amadureceram para se tornar o que são

5. DIVERSIDADE NA ARQUITETURA DE SISTEMAS PLANETÁRIOS | 119

(e incluímos aí o nosso próprio), é tarefa extremamente complicada.

Em primeiro lugar porque essas histórias da formação de mundos envolvem ocorrências estocásticas, ou seja, aleatórias (como a colisão ou não de protoplanetas), bem como sistemas caóticos, cujo desfecho exato é dificílimo de prever. Com efeito, vale lembrar que, embora a força da gravidade, conforme descrita por Isaac Newton no século 17, possa ser apresentada por uma elegante equação relacionando o produto das massas de dois objetos por uma constante gravitacional divididas pelo quadrado da distância entre eles, essa descrição é limitada à interação entre dois corpos. Quando os especialistas em mecânica celeste tentam resolver as equações para três ou mais corpos, descobrem que não há solução exata para elas. Tudo que se pode fazer é aplicar soluções aproximadas em simulações numéricas – algo como ir calculando um pouquinho de cada vez, para ver para onde um sistema assim vai.

Se isso vale para três corpos, imagine para o caos que envolve os muitos embriões protoplanetários, a massa difusa de gás e poeira de um disco e a ação de uma estrela em formação no centro de tudo. Mesmo com computadores avançados, é um processo difícil de simular. Os astrônomos o fazem, incluindo tantas variáveis quanto possível, partindo do menor número de premissas arbitrárias requerido, e assim tentam "recriar" digitalmente como nasceriam milhares de sistemas planetários, por vezes repetindo os mesmos parâmetros iniciais de forma insistente, para observar as variações e suas respectivas frequências no resultado final, por vezes variando suavemente os parâmetros iniciais, para ver o quanto condições de partida diferentes produzem desfechos alternativos.

A essa altura, torna-se quase desnecessário dizer que nenhum desses modelos computacionais até hoje conseguiu a façanha de contemplar todos os sistemas planetários conhecidos. Até mesmo para replicar certas características da nossa família solar as simulações penam. Um grande desafio, por exemplo, é explicar a massa relativamente modesta de Marte, e há várias opções. Há modelos que sugerem que isso teve a ver com uma migração de Júpiter para dentro do sistema durante o processo de formação, "esvaziando" a massa que poderia ter se acumulado em Marte. Outra hipótese, avançada em 2014 pelo brasileiro André Izidoro, então na UNESP (Universidade Estadual Paulista), propõe que a região do disco onde o planeta vermelho teria nascido já tinha uma densidade menor, explicando sua massa sem requerer um desagradável zigue-zague de Júpiter. Apesar de ser mais simples e elegante, não temos no momento evidências decisivas de que seja a explicação correta.

E note que estamos falando de um sistema bem conhecido, o nosso. Para os demais, surge uma segunda grande dificuldade: nosso conhecimento sobre eles, a despeito dos enormes avanços nas últimas décadas, é bastante incompleto. Vimos no capítulo anterior como as variadas técnicas para a detecção de exoplanetas têm seus vieses – medição de velocidade radial privilegia planetas com grande massa próximos de suas estrelas, fotometria de trânsito privilegia mundos precisamente alinhados de modo a passar à frente de suas estrelas, e a observação direta está limitada a planetas grandes, bem jovens (quentes) e afastados de sua estrela.

Isso implica que, para cada sistema planetário que estudamos, estamos vendo apenas a parte mais saliente dele (conforme ditada pelas nossas limitações tecnológicas).

5. DIVERSIDADE NA ARQUITETURA DE SISTEMAS PLANETÁRIOS | 121

Aqui talvez seja um bom momento para gastarmos dois dedos de prosa falando sobre a nomenclatura adotada pelos astrônomos para os exoplanetas. Até porque ela pode ser um pouco confusa, exatamente por conta desse drama da incompletude.

Por qualquer outro nome

O principal desafio ao nomear um astro celeste é ter a certeza de que todos os astrônomos saberão de qual você está falando quando forem realizar suas próprias observações. O problema, naturalmente, nasceu com relativa simplicidade, quando tudo que a humanidade podia registrar era visível a olho nu – o que restringia a contagem a alguns milhares –, mas foi se tornando mais complexo conforme as varreduras telescópicas foram revelando centenas de milhares, depois milhões. A essa altura, com projetos como o do satélite Gaia, a contagem já ultrapassou o bilhão de astros catalogados.

A nomenclatura definida pelos astrônomos para os exoplanetas segue de perto a lógica criada para o "batismo" das estrelas, de modo que é razoável gastarmos alguns dedos de prosa comentando sumariamente como isso funciona.

A tradição de catalogar estrelas vem desde a Antiguidade e acabou firmada com nomes gregos, latinos e árabes, as principais culturas que serviram de inspiração para a fundação da astronomia moderna. Algumas das estrelas são mais conhecidas ainda hoje pelo nome árabe (Altair e Aldebaran, por exemplo), mas a mais tradicional nomenclatura de estrelas consagrada atualmente surgiu com o alemão Johann Bayer (1572-1625), em 1603. Ele combinou letras gregas e nomes latinos (no caso de Altair e Aldebaran, viraram Alfa Aquilae e Alfa Tauri) para indicar a constelação a que a estrela pertence (Aquilae se refere a Águia, Tauri a Touro) e uma letra que denota o brilho. A estrela alfa de uma constelação é a mais brilhante; a beta é a segunda mais brilhante; gama é a terceira; delta a quarta; e assim por diante. O astrônomo começou seu catálogo com as letras gregas (minúsculas), depois passou às letras latinas maiúsculas, e, por fim, às letras latinas minúsculas. Esse padrão ficou conhecido como a designação de Bayer.

No século 18, o britânico John Flamsteed (1646-1719), primeiro astrônomo real do Reino Unido, achou por bem criar um novo catálogo, usando números em vez de letras. Em 1712, teve o trabalho precocemente publicado (sem autorização) por Edmond Halley (1656-1742) e Isaac Newton. Seu catálogo final só foi publicado postumamente, em 1725, sem números. Contudo, inspirado pela versão preliminar publicada em 1712, o francês Jérôme Lalande (1732-1807) retomou a tradição de numerar as estrelas das constelações em almanaque publicado em 1783 – e os números persistem até hoje. Para aquelas estrelas que não têm designação de Bayer muito popular, é comum o uso da designação de Flamsteed, como acabou conhecida. Lembremos a já muito citada 51 Pegasi, estrela similar ao Sol (tipo espectral G5V) a 50 anos-luz de distância. Quinquagésima primeira estrela catalogada por Lalande na constelação do Pégaso, ela é visível no limite da sensibilidade do olho humano, em condições ideais de observação. Na maior parte das vezes, está restrita à observação com instrumentos ópticos.

Para além da nomenclatura tradicional, diversos astrônomos e equipes lideraram diferentes projetos de catalogação ao longo da história, e é daí que vêm os nomes usados

5. DIVERSIDADE NA ARQUITETURA DE SISTEMAS PLANETÁRIOS | 123

corriqueiramente para indicar estrelas. Já mencionamos o sistema HR 8799. É a estrela de número 8.799 registrada no Catálogo de Estrelas Brilhantes de Yale, iniciado em 1930 e que contém 9.110 objetos, dos quais 9.095 são estrelas, 11 são novas ou supernovas (que só foram estrelas brilhantes no auge de suas detonações) e 4 são objetos não estelares – aglomerados globulares e abertos de estrelas.

Outro catálogo muito comum, talvez o mais tradicional de todos, é o que leva a sigla HD, que inclui classificações espectroscópicas para 225.300 estrelas, colhidas e publicadas pelo astrônomo amador americano Henry Draper, um dos pioneiros da astrofotografia, entre 1918 e 1924. Ele foi mais tarde expandido pela Extensão de Henry Draper (HDE) e pelas Cartas de Extensão de Henry Draper (HDEC), contendo a classificação de quase 360 mil estrelas.

Há outros catálogos menos conhecidos, como o PDS (refere-se à Varredura do Pico dos Dias, ou *Pico dos Dias Survey*, realizada no observatório brasileiro de mesmo nome, em Minas Gerais, voltada para a busca de estrelas jovens), e claro que os grandes projetos de busca de exoplanetas geram seus próprios catálogos, com numeração que segue a ordem de inclusão. Kepler-149, por exemplo, é a centésima quadragésima nona estrela incluída no catálogo do telescópio espacial Kepler. É interessante notar que essa iniciativa gerou pelo menos dois catálogos logo de cara – um, denotado pela palavra Kepler, envolvia estrelas com exoplanetas confirmados; o outro, usando a sigla KOI (*Kepler Object of Interest*, Objeto de Interesse do Kepler), listava aqueles que continham sinais promissores de trânsitos, mas ainda não confirmados (e muitos dos astros listados hoje como Kepler – um dia foram apenas KOI). O mesmo se aplicou ao satélite TESS, que tem estrelas TESS e estrelas TOI.

Até aqui, tudo tranquilo. Ocorre que sabemos hoje que é mais comum que estrelas existam em pares do que como astros solitários, a exemplo do Sol. Por vezes, geram sistemas trinários. Formações com ainda mais estrelas são menos frequentes, mas existem, e há conhecimento até de sistemas com sete estrelas presas a um centro de gravidade comum.

Para aproveitar a tradição consolidada dos catálogos (nomenclatura em astronomia, como já vimos em diversas ocasiões, tem mais a ver com tradição do que qualquer outra coisa), os astrônomos decidiram simplesmente incluir uma letra maiúscula para especificar as estrelas de um sistema.

Peguemos, por exemplo, Alfa Centauri, a estrela mais próxima de nós. Localizada a pouco mais de quatro anos-luz daqui, é a mais brilhante da constelação do Centauro, o que motivou sua designação de Bayer. Ocorre que, ao telescópio, pode-se notar que são na verdade duas estrelas, uma um pouquinho maior que o Sol, outra um pouco menor. A maior virou Alfa Centauri A, e a menor, B.

Por fim, descobriu-se que uma terceira estrela, uma discreta anã vermelha, circunda a dupla AB numa órbita bastante ampla. Ganhou naturalmente a letra C, mas, como acaba sendo a estrela mais próxima da Terra em todo aquele sistema, é mais popularmente conhecida como Proxima Centauri.

Conforme os primeiros exoplanetas foram sendo descobertos, a partir de 1995, os astrônomos estabeleceram um padrão similar ao de estrelas múltiplas. Contudo, se, para estrelas, usa-se letras maiúsculas, para planetas, usa-se as minúsculas –começando por b. Exemplo: Proxima Centauri b, às vezes abreviado para Proxima b, ou mesmo chamado de Alfa Centauri Cb, é o planeta rochoso orbitando essa anã vermelha descoberto em 2016.

5. DIVERSIDADE NA ARQUITETURA DE SISTEMAS PLANETÁRIOS | 125

E aqui é que as coisas começam a se complicar. As letras não são distribuídas conforme a ordem dos planetas em torno de sua estrela – até porque já vimos que a incompletude dos nossos achados ainda é bem grande. Em vez disso, a ordenação é por descoberta mesmo. Isso acaba gerando alguma confusão aos desavisados. Pegue, por exemplo, o sistema HR 8799. Ele tem os planetas *b*, *c*, *d* e *e* já descobertos. Uma batida de olhos sugeriria que o *b* deve ser o mais interno, enquanto o *e* seria o mais externo. É justamente o contrário. Como foram todos achados por observação direta, os mais externos foram detectados mais facilmente que os mais internos, e a ordenação ficou invertida: *e* é o mais interno, *d* o segundo, *c* o terceiro, e *b* o mais externo.

Se descobrirem um novo planeta, seja mais interno, mais externo, ou entre alguns deles, receberá a letra *f*.

Quando vários mundos são descobertos ao mesmo tempo, como nas contagens de trânsitos dos satélites Kepler ou TESS, procura-se manter a ordenação da mais interna para a mais externa.

E não é incomum que, algum tempo depois de uma descoberta, os astrônomos descubram que algo que classificaram como um planeta na verdade foi um falso positivo. Nesse caso, ele some dos catálogos, mas não há renomeação dos demais no sistema, que preservam suas letras originais para evitar confusão.

Numa tentativa de dar um verniz mais simpático à nomenclatura de exoplanetas, a União Astronômica Internacional (UAI), organização responsável por estabelecer nomes e categorias de tudo que há no espaço, criou uma iniciativa em 2014 para batizar mundos cuja descoberta já está bem consolidada. Batizada de NameExoWorlds ("nomeie exomundos"), em 2015 ela usou votação popular para escolher os nomes, dentre propostas apresentadas pelos responsáveis pelas descobertas, de 31 exoplanetas e 14 estrelas. Nessa primeira leva, 51 Pegasi ganhou o nome próprio Helvetios, e seu planeta, Dimidium.

Outras duas campanhas para nomeação de exoplanetas foram realizadas em 2019 e 2022, mas a verdade é que os astrônomos ainda seguem, em sua imensa maioria, mais confortáveis em citar os nomes de catálogo do que esses nomes próprios validados pela UAI. Mais importante do que batizar, a essa altura, é tentar entender o que esses planetas já descobertos revelam sobre si mesmos e sobre o ambiente em que foram formados – tendo em vista que o oceano do desconhecido ainda hoje é muito mais amplo que a pequena ilha de conhecimento já catalogada.

(Quase) tudo provisório

É certo que haja mais planetas do que os que conhecemos em praticamente todo canto. Se bobear até no Sistema Solar. Embora convivamos com uma configuração estabelecida de oito planetas, e mais um punhado de planetas anões, há cientistas que acreditam que deva haver um nono planeta muito mais afastado do Sol que os oito conhecidos. Até março de 2023, todas as buscas por tal mundo fracassaram. Isso não quer dizer que ele não exista. Mesmo no nosso quintal, o conhecimento ainda encontra limites.

Com isso, temos uma dupla angústia: simulações que demonstram de forma limitada, imperfeita e simplificada o processo de formação planetária e um catálogo de exoplanetas capaz de demonstrar a rica variedade de sistemas presentes, mas ainda bastante incipiente e incompleto para que possamos discriminar com mais segurança a qualidade de nossos modelos.

Claro, isso não quer dizer que estejamos totalmente no escuro. Um dos fatos que parecem mais ou menos bem estabelecidos, e nos ajudam a iluminar o caminho para a compreensão da formação de planetas, é a observação empírica de que a metalicidade (lembre-se, "metal", para a astronomia, é todo elemento mais pesado que o hélio) de uma estrela guarda correlação com a probabilidade de existirem planetas gigantes gasosos. Quanto maior a metalicidade, maior a chance de existirem mundos desse tipo, bem como maior parece ser a diversidade dos planetas de um dado sistema.

Outro fato que chama a atenção é um padrão descoberto e apresentado em 2018 por um grupo liderado por Lauren Weiss, da Universidade de Montreal, no Canadá: ao analisar uma amostra de 909 planetas distribuídos em 355 sistemas multiplanetários descobertos pelo Kepler, a equipe constatou que há uma tendência a que planetas num mesmo sistema tenham aproximadamente o mesmo tamanho e se distribuam com um espaçamento regular, padrão que os pesquisadores apelidaram de "ervilhas numa vagem" (*peas in a pod*). O trabalho, altamente influente, foi publicado no *Astronomical Journal*.

Inspirados nesse padrão observado empiricamente, os astrônomos Konstantin Batygin, do Caltech (Instituto de Tecnologia da Califórnia), e Alessandro Morbidelli, da Universidade da Costa Azul, na França, propuseram, em artigo publicado na *Nature Astronomy* em 2023, que o padrão possa ser explicado caso os planetas se formem em fila, todos num mesmo lugar. Eles argumentam que numa faixa do disco ao redor de 1 UA (a região da Terra) haveria uma tendência maior à formação de planetesimais (objetos progenitores de planetas) ricos em silicatos (rochas), por ser o local em que haveria a transição desses materiais rochosos de vapor em sólidos. Isso propiciaria, naquela região, um crescimento rápido de um núcleo protoplanetário. Ao atingir certa massa crítica, ele iniciaria migração, abrindo espaço naquela faixa para o surgimento de um segundo planeta, depois de um terceiro... como a migração (de tipo I) seria disparada pelo atingimento de uma dada massa crítica do núcleo protoplanetário, todos sairiam mais ou menos com o mesmo porte, até o esgotamento do material disponível para formação.

É uma mudança significativa de paradigma, e vem acompanhada de simulações que demonstram que o processo poderia produzir sistemas similares aos observados. Mas será que é a certa? Será que é sempre assim que acontece? Só o futuro poderá esclarecer essas questões.

Diante de tantos modelos, para o momento atual, a melhor estratégia para tentar decifrar algum padrão nas variadas arquiteturas de sistemas planetários parece ser tentar criar classificações amplas que não dependam de uma teoria específica de formação dos planetas.

Quatro arquiteturas

Em artigo publicado em 2023 no periódico *Astronomy & Astrophysics*, Lokesh Mishra, Tann Alibert e Christoph Mordasini, da Universidade de Berna, e Stéphane Udry, da Universidade de Genebra, apresentam uma proposta de classificação de arquiteturas de sistemas que não depende de nossa compreensão do processo de formação, mas pode iluminar nosso caminho para aprimorá-la. A vantagem para uma estratégia desse tipo é óbvia: é possível aplicá-la a qualquer conjunto de sistemas, criados em computador ou reais, o que a torna ideal para o atual estágio em que estamos – apenas roçando a superfície da variedade que existe lá fora.

O quarteto de astrônomos sugere que famílias de planetas em torno de uma mesma estrela podem vir em quatro "sabores", por assim dizer: similar, ordenado, misto e antiordenado. Mas o que isso quer dizer? Bem, em essência, depende do parâmetro que se quer estudar. O que importa, seja qual for ele, é a organização que indica.

Exemplo: se o parâmetro escolhido for massa, um sistema da categoria similar é aquele em que todos os planetas têm massas parecidas. Um sistema ordenado é um que, a exemplo do nosso, apresenta uma tendência geral crescente de massa, do planeta mais interno para o mais externo. Um antiordenado, como o nome o sugere, seria o contrário: planetas com mais massa para dentro, e os com menos nas regiões mais externas. E o misto seria um em que a massa oscila de forma significativa de planeta a planeta, sem uma tendência geral específica de dentro para fora.

Os pesquisadores defendem que essa mesma categorização poderia ser aplicada a diversos outros parâmetros, como raio, densidade, percentual de água etc. Mas, num primeiro momento, para demonstrar a utilidade desse esquema, o quarteto se concentrou no parâmetro massa, aplicando-o a dois catálogos: um compilado por eles mesmos listando 41 sistemas reais, com quatro ou mais planetas dos quais pelo menos quatro deles tivessem a massa estimada, e outro composto inteiramente por sistemas virtuais, mil deles, "gestados" em simulações de computador, seguindo um modelo específico, conhecido como modelo de Berna. A ideia era a de comparar o que se vê no mundo real (incompleto em

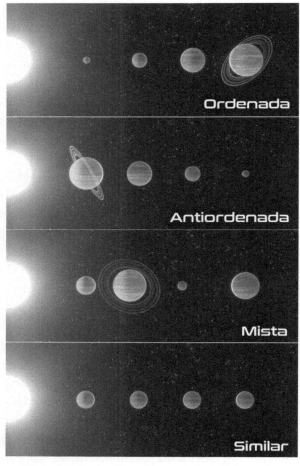

Figura 18. A arquitetura dos sistemas planetários pelo critério de massa pode ser organizada em quatro tipos: ordenada (planetas com menos massa são mais internos, planetas com mais massa são mais externos), antiordenada (planetas com mais massa para dentro, planetas com menos massa para fora), mista (sem padrão claro) e similar (todos os planetas mais ou menos do mesmo tamanho).

[CRÉDITO: NCCR PlanetS/Tobias Stierli]

razão de limitações das observações) com simulações (completas, mas não totalmente realistas, dada a simplificação dos processos).

Com efeito, houve grande contraste entre os resultados. Nos sistemas reais, a maioria (59%) se mostrou pertencer à classe similar – confirmando o que já havia sido notado empiricamente, a coisa toda das "ervilhas na vagem". Os sistemas ordenados (como o solar, incluído no catálogo) responderam por 37%. Outros 5% tiveram arquitetura mista. E nenhum deles é antiordenado.

Já nos mil sistemas simulados, variando parâmetros iniciais como massa do disco de formação planetária e quantidade de elementos pesados presentes (mas seguindo o que acontece na realidade), os números foram diferentes. De novo, a categoria similar saiu no topo, mas com 80,2%. Cerca de 8% dos sistemas virtuais terminaram com arquiteturas mistas e antiordenadas. E apenas 1,5% terminaram como o Sistema Solar, com arquitetura ordenada.

Pelo que ambos têm imprecisões, nenhum desses percentuais deve refletir acuradamente a realidade. Porém, revelam tendências que provavelmente são verdadeiras. Por exemplo, o fato de que a maioria dos sistemas tende a ter planetas com massa parecida nos dois catálogos sugere que o processo tende a ser mais uma realidade e menos um viés observacional.

Nesse contexto, o Sistema Solar pode ser algo como uma raridade, embora outros como ele apareçam com mais frequência nas observações por um viés: são um tipo bem mais fácil de detectar que o antiordenado. Também vale notar que o nosso sistema é, obviamente, o mais bem conhecido de todos. E, usando o mesmo esquema adotado pelo quarteto de pesquisadores, ao aplicá-lo apenas aos quatro planetas rochosos do nosso sistema, ele figura como similar. Se aplicá-lo só aos quatro gigantes gasosos, figura como antiordenado. E somente quando levamos em conta o conjunto completo é que ele acaba redefinido como ordenado. Isso está tentando nos dizer algo sobre a formação dos dois grandes conjuntos de planetas do nosso sistema? Talvez.

Num segundo artigo, os pesquisadores se debruçaram sobre potenciais implicações da classificação que criaram, ao menos segundo o critério de massa, tentando explorar o seguinte ângulo: o que cria a configuração final de um sistema planetário, sua natureza (ou seja, os parâmetros iniciais do disco de acreção) ou sua criação (os eventos dinâmicos que ocorrem, muitas vezes estocasticamente, ou seja, de forma aleatória, após o início da formação do sistema)? É o debate clássico da biologia (natureza versus criação, resumo para designar a interação e a preponderância entre genética e ambiente na determinação de um indivíduo), agora transposto para famílias de planetas.

Para esse segundo estudo, o único catálogo útil era o de sistemas simulados – afinal, se o objetivo é estabelecer correlações, é necessário conhecer tanto o estado inicial como o final, algo que não temos ao observarmos sistemas reais, já prontos. Claro, aí incide toda a nossa insegurança com o modelo de formação. Os próprios pesquisadores apontam isso, ao citar que o modelo de Berna é uma simulação unidimensional (em vez de reproduzir a realidade, tridimensional) com uma série de simplificações e que não é sequer capaz de produzir o nosso Sistema Solar. Além disso, ele trabalha com o caso mais simples: uma estrela solitária com um disco de acreção. Os desfechos para sistemas mais complexos, com múltiplas estrelas em graus variados de separação, estão além do alcance do estudo.

5. DIVERSIDADE NA ARQUITETURA DE SISTEMAS PLANETÁRIOS | 133

Ainda assim, é um bom ponto de partida para algumas generalizações, e os resultados são interessantes. Por exemplo, parece haver uma correlação forte entre arquitetura e massa inicial do disco de acreção. Se a massa inicial sólida do disco é menor que a massa total de Júpiter, o sistema tende a ganhar a configuração similar – "ervilhas na vagem". Sistemas que emergem de discos mais pesados, porém, podem acabar como mistos, antiordenados ou ordenados.

O aumento de interações dinâmicas entre planetas ou de planetas com o disco, algo que já é parte da "criação", não da "natureza", tende a mudar a arquitetura do sistema, de mista para antiordenada, e então para ordenada. O trabalho dos pesquisadores também gera uma interessante predição testável: uma correlação entre arquitetura e metalicidade. Sistemas similares, dizem eles, tendem a aparecer com frequência muito maior em torno de estrelas com baixa metalicidade. Já os sistemas antiordenados e ordenados aumentam em frequência com o aumento de metalicidade. Pensando que o Sol é uma estrela com alta metalicidade (População I) e que astrônomos já observaram uma correlação empírica entre alta metalicidade e maior presença de planetas gigantes gasosos, o resultado do grupo parece se alinhar com o pouco que sabemos.

A conclusão mais importante talvez seja a de uma separação entre sistemas moldados pelas condições iniciais ("natureza"), que tendem à arquitetura da classe similar, e os esculpidos por processos dinâmicos ("criação"), que podem acabar como mistos, antiordenados ou ordenados. Porém, até mesmo essa afirmação geral pode se revelar prematura, dado o tanto que é desconhecido no momento. Esse é, por sinal, um dos aspectos mais empolgantes da nascente ciência dos exoplanetas: a despeito dos grandes avanços nas últimas três décadas, que levaram o tema da especulação para a realidade, o território ainda é vastamente inexplorado. Será preciso colher muito mais observações e aprimorar um bocado nossos modelos de formação até que tenhamos uma teoria geral sólida de como sistemas planetários nascem e evoluem.

E o mesmo nível de incerteza se aplica também aos exoplanetas enquanto objetos individuais de estudo – o que veremos a seguir.

6. Caracterização e Habitabilidade

Todas as ilustrações que você já viu de exoplanetas, desde aqueles que são mais bizarros até os que são mais parecidos com a Terra, são meramente exercícios de imaginação. Claro, usam como balizas o que sabemos sobre cada um deles, ou, no pior dos casos, uma possibilidade acerca de sua natureza, mas o fato é que, até o presente momento, após três décadas de investigação desses mundos, o que sabemos, mesmo nas melhores circunstâncias, é muito pouco.

Quando esse campo de estudo se abriu de forma definitiva, depois de uma fase de muitos tropeços e falsos achados, com a descoberta de 51 Pegasi b, em 1995, a prioridade era basicamente descobrir novos exoplanetas por um método específico e então confirmar sua existência por uma rota alternativa, de forma a se certificar de que não se tratava de mais uma miragem científica.

Já abordamos, no capítulo 4, como os métodos de detecção de exoplanetas têm uma série de limites severos. A medição do "bamboleio gravitacional" (tecnicamente conhecida como variação de velocidade radial) oferece apenas uma estimativa (muitas vezes grosseira) da massa; já a fotometria de trânsitos planetários sugere apenas o tamanho (e isso em comparação com o tamanho da própria estrela-mãe, o que por si só também é uma estimativa), sem nada dizer com relação à massa. E cerca de 95% dos sistemas detectados por velocidade radial não oferecem trânsitos, por simplesmente não estarem alinhados de forma favorável com o nosso Sistema Solar de modo que os planetas passem à frente da estrela com relação a observadores por aqui.

Contudo, para uns 5% dos casos, a sorte sorri para os astrônomos, e temos ao menos dois métodos diferentes para medir o mesmo planeta ou conjunto de planetas. E aí o quadro começa a ficar mais claro.

Primeiro, porque o fato de haver trânsitos permite estimar com precisão bem maior o ângulo de inclinação da órbita dos planetas (com relação a nós e com relação ao próprio eixo de rotação da estrela-mãe; normalmente há um alinhamento, e os planetas costumam trafegar próximo ao equador estelar, mas há casos em que isso não acontece, o que, por sua vez, traz pistas de um processo de formação do sistema mais turbulento e cheio de eventos transformadores). E, tendo a inclinação da órbita, é possível restringir de forma bem mais segura a massa identificada pela medição da variação da velocidade radial. Pense assim: uma detecção por velocidade radial pode indicar um planeta com uma dada massa orbitando de forma a transitar exatamente à frente da estrela com relação a nós, ou um planeta com uma massa muito maior, mas orbitando quase a um ângulo de 90 graus com relação ao plano de onde ocorreriam os trânsitos, de forma que a variação de distância da estrela, com relação a nós, é bem diminuta, comparada à massa do

6. CARACTERIZAÇÃO E HABITABILIDADE | 137

planeta (pelo fato de que a estrela pode fazer seu bamboleio gravitacional em qualquer direção, tridimensionalmente, mas só podemos captar o deslocamento dela no eixo de observação daqui da Terra).

Porém, quando há um trânsito, sabemos que o grau de inclinação não pode ser muito maior que uns poucos graus com relação ao plano de observação, o que, por sua vez, indica um intervalo muito menor de massas possíveis, às vezes bem perto da massa real. Então, boa parte da incerteza da detecção por velocidade radial se dissipa.

Além disso, o trânsito em si oferece uma boa estimativa do tamanho do planeta – de novo, com alguma incerteza, porque a medição tecnicamente indica o tamanho do planeta com relação ao da estrela-mãe, que precisa ser estimada por outros meios, já que mesmo os mais potentes telescópios não conseguem "resolver" (jargão de astrônomos para descrever a capacidade de enxergar os contornos de um objeto) o disco estelar (a chamada fotosfera) para a imensa maioria das estrelas (as exceções são para grandes gigantes vermelhas mais próximas da Terra, como Betelgeuse, um astro a cerca de 550 anos-luz de distância e no fim da vida, que tem pouco menos de 20 vezes a massa do Sol, mas ocupa um espaço entre 700 e 1.000 vezes maior que o da nossa estrela-mãe).

Vale destacar que, para alguns sistemas planetários, sobretudo aqueles bem compactados (com órbitas curtas) e "cheios" (em que não há espaço para inserir planetas que sejam estáveis entre as órbitas dos que existem), os astrônomos já conseguem fazer uma boa estimativa da massa e do tamanho usando para isso apenas os trânsitos planetários – trata-se de um avanço importante, que ajudou a confirmar muitos dos exoplanetas descobertos pelo satélite Kepler sem requerer medições de velocidade radial. O segredo está no que os astrônomos chamam de variações no tempo do trânsito (TTV, de *transit timing variations*).

Estamos falando de sistemas tão compactos que a gravidade de um planeta influencia diretamente o movimento dos demais de forma apreciável. E isso, por sua vez, faz com que, de vez em quando, o planeta "se atrase" com relação à predição kepleriana do seu trânsito, ou "se adiante", puxado mais ou menos pelo posicionamento dos demais em cada ponto do tempo.

Ao fazer os cálculos desse puxa-puxa para reproduzir as pequenas variações no tempo previsto entre os trânsitos, os astrônomos estão essencialmente estimando as massas desses mundos, uma vez que a atração gravitacional é um produto direto da massa. Com isso, para sistemas que tiveram variações no tempo do trânsito devidamente medidas, os pesquisadores conseguem estimar massa e tamanho usando apenas a fotometria do trânsito, sem requerer medições de velocidade radial. E, claro, no melhor dos mundos, você pode ter todas as coisas ao mesmo tempo, produzindo as melhores estimativas possíveis.

Por que isso é tão importante? Tendo a massa e o diâmetro, os astrônomos podem calcular a densidade de um planeta. E isso sim nos coloca em posição de começar a superar a etapa em que meramente descobrimos um novo astro, adentrando uma em que passamos a conhecer algo mais sobre sua natureza intrínseca: a densidade traz indícios importantes da composição geral e da estrutura interna de um planeta.

Processo de auto-organização

Já descrevemos como esses mundos se formam, com a colisão e a reunião de diversos objetos menores (de início grãos de poeira, mais adiante planetesimais cada vez maiores), num processo que gera muito calor (razão pela qual planetas jovens são mais facilmente fotografados de maneira direta em luz infravermelha). O calor, por sua vez, dá maleabilidade a seus componentes (quem já viu lava não duvida disso), e o que acontece em seguida é um processo de auto-organização, em que, com a ajuda da gravidade, materiais mais pesados e densos afundam e outros, mais leves, tendem a ficar mais perto da superfície.

Esse é o processo de estratificação que, grosso modo, produziu a estrutura interna do nosso planeta, com seu núcleo em que predominam ferro e níquel (segundo pesquisas mais recentes, ele mesmo dividido em três camadas), seguido por um manto, mais rico em silicatos e água (em geral presa às rochas), boa parte em estado pastoso, e uma litosfera rochosa e mais fria (portanto sólida) que lhe dá acabamento, por assim dizer. Gases, por sua vez, se acumulam na atmosfera – originados (no caso da Terra) predominantemente de atividade vulcânica (imagina-se que nosso planeta pode ter capturado uma atmosfera primitiva enquanto havia gás no disco de acreção, mas dela não resta praticamente resquício atualmente, o que sugere que o invólucro gasoso de nosso planeta foi transformado e refeito, principalmente por atividade interna).

Temos modelos que ajudam a explicar o que acontece a certas composições nessa estratificação, e eles se aplicam não só à Terra, mas a qualquer planeta do qual se conheça a densidade. Não são, por óbvio, estimativas perfeitas (até hoje ainda há dúvidas sobre como são exatamente a estrutura interna da Lua e de Marte, e nesses mundos já instalamos até mesmo sismógrafos na superfície, capazes de registrar como ondas de choque atravessam o interior do corpo e, assim, entregam as camadas que possam ter). Mas sem dúvida são um bom ponto de partida.

No mínimo, o cálculo da densidade já nos permite fazer a distinção entre planetas rochosos (também chamados de telúricos ou, de forma um pouco mais confusa, simplesmente terrestres) e gigantes gasosos. É bem verdade que, em muitos casos, apenas com um dos parâmetros (a massa ou o diâmetro) já seria possível dizer isso. Certamente se aplica aos planetas do Sistema Solar, em que temos claramente dois blocos bem distintos, com quatro planetas pequenos, rochosos e densos (Mercúrio, Vênus, Terra e Marte) e outros quatro planetas muito maiores e predominantemente gasosos (Júpiter, Saturno, Urano e Netuno).

Contudo, o que a pesquisa de exoplanetas já revelou – e esse talvez seja um de seus prospectos mais fascinantes – é que há um contínuo de tamanhos de planetas, com uma variedade bem maior de tamanhos e massas do que a presente em nosso quintal solar.

É natural que os astrônomos tenham adotado os modelos do nosso sistema planetário como referências comparativas para a classificação de mundos extrassolares. Essas que vêm a seguir não são categorias oficiais, mas a essa altura já estão bastante consagradas pelo uso. É comum, por exemplo, os pesquisadores se referirem a planetas que têm massa bem superior à de Júpiter como superjupíteres. Planetas similares em massa ao nosso maior gigante são chamados de jupíteres. Se um pouco menos massivos, tornam-se saturnos. Depois netunos. E aí, há aqueles que se assemelham a Netuno (o menor dos nossos gigantes), mas têm massa e/ou diâmetro consideravelmente menor, o que lhes conferiu a alcunha de mininetunos (ou subnetunos). Então surgem planetas maiores que a Terra, mas com jeitão ainda de rochosos, a que se convencionou chamar de superterras. Terminamos com os "parecidos" com a Terra (e vai o uso de aspas porque, de novo, os parâmetros conhecidos são pouquíssimos, então a similaridade vai até o pouco que sabemos deles), que são igualmente "parecidos" com Vênus (e a diferença entre a Terra e Vênus dá uma boa noção de quão variados podem ser esses exoplanetas todos, em princípio, "parecidos"). Os muito menores que a Terra são as subterras (ou miniterras), mas raramente são mencionados, porque nossos atuais limites de detecção impõem que estejam pouquíssimo representados em nossos catálogos exoplanetários.

O "vale" entre superterras e mininetunos

Um dos aspectos mais curiosos, ao trabalhar com essa categorização (principalmente aplicada ao diâmetro), é que ela apresenta um "vale" entre as superterras e os mininetunos. Não há qualquer viés observacional que possa produzi-lo, o que indica que se trata de algo real, fruto da natureza do processo de formação e evolução desses mundos. Por algum motivo, a frequência de exoplanetas com diâmetros próximos de 1,8 do terrestre é menor que a daqueles um pouco menores (com pico de frequência em torno de 1,4 diâmetro terrestre) e que a daqueles um pouco maiores (com pico de frequência em torno de 2,4 diâmetros terrestres). Ou seja, por algum motivo, a natureza parece não gostar de planetas com diâmetro em torno de 80% maior que o nosso. Eles até existem, mas se apresentam em frequência menor que os maiores e que os menores.

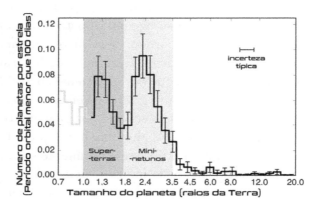

Figura 19. Há um "vale" entre as superterras e os mininetunos que não parece ser produto de algum viés observacional.

[CRÉDITO: Fulton, B. et al/Astronomical Journal]

Os astrônomos vêm duelando para explicar o fenômeno. A hipótese mais comum é a de que ambos os grupos (superterras e mininetunos) nascem basicamente iguais, a partir de núcleos rochosos, e o que variou neles foi apenas a capacidade de preservar uma atmosfera primordial rica em hidrogênio e hélio, capturados ainda durante a fase de acreção. Aqueles que tiveram porte inicial suficiente para reter essa atmosfera acabaram maiores, como mininetunos, e os que a perderam, varrida pela radiação de suas estrelas (num processo conhecido pelo nome de fotoevaporação, ou seja, evaporação por luz), se juntaram ao grupo das superterras.

6. CARACTERIZAÇÃO E HABITABILIDADE

143

Em 2022, o astrônomo brasileiro André Izidoro, saído da UNESP para a Universidade Rice, nos EUA, apresentou com seus colegas, em artigo publicado no *Astrophysical Journal Letters*, uma explicação alternativa. O grupo sugere que o "vale" pode não ter a ver com a fotoevaporação, mas surgiria do processo natural de formação dos sistemas. Rodando simulações do processo, os pesquisadores sugerem que, conforme os planetas surgem a partir do disco de gás e poeira, sua interação com o disco faz com que migrem para dentro e acabem em órbitas ressonantes umas com as outras (em que o período de um planeta é um múltiplo do de outro, como numa dança gravitacional sincronizada – a exemplo do que acontece com as três luas galileanas mais internas de Júpiter, Io, Europa e Ganimedes). Após a dissipação do disco, os planetas saem dessa trava exata, e o sistema passa por uma fase de instabilidade, com colisões gigantes (como a que ocorreu por aqui entre a Terra e um corpo do tamanho de Marte para formar a Lua).

As colisões dissipariam a atmosfera primordial desses mundos, e aí o que separaria as superterras dos mininetunos seria a quantidade de água presente neles: os mais ressecados acabariam com diâmetro ao redor de 1,4 do terrestre, e os mais aquosos (mais de 10% da massa em água) teriam diâmetro típico de 2,4 vezes o da Terra.

A vantagem dessa explicação para o "vale" é que ela emerge naturalmente do processo de formação, que, por sua vez, responde por várias outras características reveladas pelos censos exoplanetários, como os padrões orbitais e as massas aproximadas dos planetas. Mas convém não subestimar a capacidade criativa da natureza; é bem possível que o mecanismo de fotoevaporação também tenha um papel muito importante em alguns sistemas. A prova dos noves, caso a caso, será a observação. Teremos de contrastar nossos modelos de composição e estrutura interna, baseados nas mais variadas hipóteses de formação e evolução, com medidas reais da composição desses astros – campo que, felizmente, já começa a avançar bastante em tempos recentes, tornando a caracterização pormenorizada desses mundos uma meta viável.

A temperatura importa

Para além dessa categorização (ainda meio vaga) que tenta usar os planetas do Sistema Solar como referência (incluindo os minis e os súperes quando nos falta um análogo perfeito), os astrônomos também costumam parametrizar os mundos extrassolares em razão da quantidade de radiação estelar que incide sobre eles. E esta, por sua vez, é uma função de dois fatores: o porte da estrela central (lembrando que dentre as que estão em sua vida útil, ou seja, na sequência principal, quanto menor, mais fria) e a órbita do planeta.

Em razão disso, surge a noção da zona de habitabilidade, da qual já falamos – uma faixa em torno de uma estrela em que as condições são ideais para a manutenção de água em estado líquido em uma superfície planetária. É a famosa "nem muito quente, nem muito fria". Com base nela, planetas que orbitam no interior do limite inferior da zona habitável são classificados como "quentes". Os que estão dentro dela são os "temperados" e, por fim, os que estão além do limite superior da zona habitável são classificados como "frios".

Essas referências básicas costumam ser combinadas à classificação baseada em massa, diâmetro e densidade para descrever um exoplaneta de forma genérica. Exemplo: um saturno quente é um planeta do porte do nosso Saturno que orbita mais perto de sua estrela que o limite inferior da zona habitável. Uma superterra fria é um mundo que transita mais distante de sua estrela que o limite superior da zona habitável. E por aí vai.

A questão mais nebulosa disso tudo é: como determinar de fato a zona habitável de uma estrela? Em essência, a estratégia consiste em calcular a que distâncias mundos com atmosferas similares à da Terra teriam uma temperatura superficial entre 0 e 100°C, ou seja, num intervalo que permitisse a presença de água em estado líquido.

Desnecessário dizer que esse é um cálculo precário. Se um planeta tiver uma atmosfera um pouco mais densa que a nossa, ou com uma composição que tenha maior prevalência de gases causadores de efeito estufa, ele pode ser habitável mesmo que esteja bem mais longe de sua estrela que a Terra do Sol. De forma inversa, se o planeta for desprovido de uma atmosfera apreciável, pode até mesmo receber exatamente a mesma radiação que a Terra recebe do Sol e ainda assim provavelmente será inabitável.

Moral da história: a zona habitável em si, tanto quanto nossas classificações genéricas para exoplanetas, são apenas referências que nos ajudam a situar as circunstâncias desses exomundos em contraste com a de nosso planeta e seus vizinhos solares. É impossível cravar que um planeta é habitável só por estar dentro da zona habitável, ou fazer o raciocínio inverso.

Outra pergunta que pode – e deve – ocorrer ao leitor é que há um certo chauvinismo terrestre na definição de habitabilidade. Como até o momento a Terra é o único exemplo conhecido de um planeta com vida, pressupomos que dentre as condições que ela oferece estão aquelas que são imprescindíveis para o surgimento de formas biológicas. E, na base dessa pirâmide, figura a presença de água em estado líquido.

Seria esse o único mix de condições capazes de produzir vida? É a velha discussão sobre "vida como a conhecemos" versus "vida como não a conhecemos". Será que há outras possibilidades, para além das que se manifestaram na Terra, para vida no Universo?

Convém não ser taxativo ao negar essa hipótese, mas também é oportuno destacar que o raciocínio dos cientistas não é tão ingênuo assim.

A vida terrestre é toda baseada na capacidade de moléculas estruturadas em torno do elemento carbono adquirirem formas complexas. E, de fato, o carbono é não só extremamente abundante como o mais versátil de todos os elementos químicos conhecidos. O silício é um segundo colocado distante, tanto em versatilidade quanto em disponibilidade, de modo que faz todo sentido que a vida seja preferencialmente estruturada em torno do carbono. Macromoléculas como proteínas não parecem factíveis se baseadas em outro elemento.

A água, por sua vez, é o melhor solvente possível para essas moléculas e para as reações químicas que movem a vida adiante. De novo, trata-se de composto extremamente comum no Universo (feito de hidrogênio, o elemento mais abundante, e oxigênio, o terceiro mais abundante), e sua estrutura polar (as moléculas de água têm um formato de V, em que um dos lados tem carga negativa e o outro tem carga positiva) a torna um poderoso motor para dissoluções e recombinações de moléculas. De novo, seria possível "vida como não a conhecemos" usar outro solvente, que não água em estado líquido? Talvez amônia? Não podemos afirmar taxativamente que não.

6. CARACTERIZAÇÃO E HABITABILIDADE | 147

Também não há razão para crer que a busca por ambientes com água líquida não seja o absolutamente melhor se o objetivo é encontrar vida fora da Terra.

Levando em conta esse conceito de habitabilidade, orientado pelas circunstâncias terrestres, um grupo liderado pelo astrobiólogo Dirk Schulze-Makuch apresentou em 2011 a criação do Índice de Similaridade com a Terra (IST). É um número, com valor entre 0 e 1, que leva em conta fatores mais ou menos conhecidos entre os exoplanetas – massa, raio e nível de radiação estelar a que está submetido – para compará-los com o nosso mundo. O sonho, claro, é encontrar um planeta cujo índice seja 1 – um virtual gêmeo terrestre. Até o momento, eles tiveram de se contentar com menos.

Dê uma olhada na ficha técnica dos 15 mundos identificados até janeiro de 2023 como os mais parecidos com a Terra – adotando um critério conservador que elimina planetas com diâmetro 60% maior que o do nosso planeta, bem como massa superior a três massas terrestres, com o objetivo de eliminar potenciais mininetunos. A compilação é do Laboratório de Habitabilidade Planetária da Universidade de Porto Rico. Para criar um suspense, coloco a lista em ordem crescente de similaridade.

15º lugar
Kepler-442 b
Índice de Similaridade com a Terra: 0,84
Tipo da estrela: K (anã laranja)
Distância: 1.193 anos-luz
Massa estimada: cerca de 236% da Terra
Diâmetro estimado: 135% da Terra
Período orbital: 112,3 dias terrestres
Temperatura estimada: -10°C

14º lugar
TRAPPIST-1 e
Índice de Similaridade com a Terra: 0,85
Tipo da estrela: M (anã vermelha)
Distância: 41 anos-luz
Massa estimada: 69% da Terra
Diâmetro estimado: 92% da Terra
Período orbital: 6,1 dias terrestres
Temperatura estimada: -15°C

13º lugar
Kepler-296 e
Índice de Similaridade com a Terra: 0,85
Tipo da estrela: M (anã vermelha)
Distância: 544 anos-luz
Massa estimada: cerca de 296% da Terra
Diâmetro estimado: 152% da Terra
Período orbital: 34,1 dias terrestres
Temperatura estimada: 9°C

12º lugar
GJ 273 b
Índice de Similaridade com a Terra: 0,85
Tipo da estrela: M (anã vermelha)
Distância: 12 anos-luz
Massa estimada: maior ou igual a 289% da Terra
Diâmetro estimado: cerca de 151% da Terra
Período orbital: 18,6 dias terrestres
Temperatura estimada: 19°C

11° lugar
Ross 128 b
Índice de Similaridade com a Terra: 0,86
Tipo da estrela: M (anã vermelha)
Distância: 11 anos-luz
Massa estimada: maior ou igual a 140% da Terra
Diâmetro estimado: cerca de 111% da Terra
Período orbital: 9,9 dias terrestres
Temperatura estimada: 44°C

10° lugar
GJ 1061 c
Índice de Similaridade com a Terra: 0,86
Tipo da estrela: M (anã vermelha)
Distância: 12 anos-luz
Massa estimada: maior ou igual a 174% da Terra
Diâmetro estimado: cerca de 118% da Terra
Período orbital: 6,7 dias terrestres
Temperatura estimada: 38°C

9° lugar
GJ 1061 d
Índice de Similaridade com a Terra: 0,86
Tipo da estrela: M (anã vermelha)
Distância: 12 anos-luz
Massa estimada: maior ou igual a 164% da Terra
Diâmetro estimado: cerca de 115% da Terra
Período orbital: 13 dias terrestres
Temperatura estimada: -26°C

8º lugar

GJ 1002 b

Índice de Similaridade com a Terra: 0,86

Tipo da estrela: M (anã vermelha)

Distância: 16 anos-luz

Massa estimada: maior ou igual a 108% da Terra

Diâmetro estimado: cerca de 103% da Terra

Período orbital: 10,3 dias terrestres

Temperatura estimada: -12°C

7º lugar

K2-72 e

Índice de Similaridade com a Terra: 0,87

Tipo da estrela: M (anã vermelha)

Distância: 217 anos-luz

Massa estimada: cerca de 221% da Terra

Diâmetro estimado: 129% da Terra

Período orbital: 24,2 dias terrestres

Temperatura estimada: 34°C

6º lugar

Proxima Centauri b

Índice de Similaridade com a Terra: 0,87

Tipo da estrela: M (anã vermelha)

Distância: 4,2 anos-luz

Massa estimada: maior ou igual a 127% da Terra

Diâmetro estimado: cerca de 108% da Terra

Período orbital: 11,2 dias terrestres

Temperatura estimada: -16°C

6. CARACTERIZAÇÃO E HABITABILIDADE

5º lugar

LP 890-9 c

Índice de Similaridade com a Terra: 0,89

Tipo da estrela: M (anã vermelha)

Distância: 106 anos-luz

Massa estimada: –

Diâmetro estimado: 137% da Terra

Período orbital: 8,5 dias terrestres

Temperatura estimada: 8°C

4º lugar

TRAPPIST-1 d

Índice de Similaridade com a Terra: 0,91

Tipo da estrela: M (anã vermelha)

Distância: 41 anos-luz

Massa estimada: 39% da Terra

Diâmetro estimado: 78% da Terra

Período orbital: 4 dias terrestres

Temperatura estimada: 23°C

3º lugar

Kepler-1649 c

Índice de Similaridade com a Terra: 0,92

Tipo da estrela: M (anã vermelha)

Distância: 301 anos-luz

Massa estimada: cerca de 120% da Terra

Diâmetro estimado: 106% da Terra

Período orbital: 19,5 dias terrestres

Temperatura estimada: 30°C

2º lugar
TOI-700 d
Índice de Similaridade com a Terra: 0,93
Tipo da estrela: M (anã vermelha)
Distância: 101 anos-luz
Massa estimada: cerca de 157% da Terra
Diâmetro estimado: 114% da Terra
Período orbital: 37,4 dias terrestres
Temperatura estimada: 5°C

1º lugar
Estrela de Teegarden b
Índice de Similaridade com a Terra: 0,95
Tipo da estrela: M (anã vermelha)
Distância: 12 anos-luz
Massa estimada: maior ou igual a 105% da Terra
Diâmetro estimado: cerca de 102% da Terra
Período orbital: 4,9 dias terrestres
Temperatura estimada: 25°C

Antes de mais nada, um alerta: não se apegue demais a essa lista. Há alguma adivinhação (ou, no mínimo, palpite informado) no preenchimento desses dados. Nem sempre se pôde detectar o diâmetro e a massa dos planetas, que juntos esclareceriam se também são rochosos como a Terra. Nos casos em que um dos valores faltou, os pesquisadores por vezes optaram por estimá-lo com base na média dos exoplanetas similares que tiveram sua densidade calculada. Outro fator que depende de chutômetro é a temperatura média. Os cientistas calcularam os valores presumindo que os planetas tinham uma atmosfera similar à terrestre e proporcional à massa deles, com um efeito estufa causado por 1% de

6. CARACTERIZAÇÃO E HABITABILIDADE | 153

dióxido de carbono e um albedo (nível de reflexão da luz solar) similar ao terrestre.

Não deixa de ser interessante a criação de catálogos como esse baseados em critérios minimamente objetivos, como o IST, para termos uma noção de quão perto estamos de encontrar um planeta de fato similar ao nosso. Mas não se surpreenda se todos os planetas acima acabarem se tornando pouco relevantes com o passar dos anos. Com efeito, foi exatamente o que aconteceu com a primeira vez em que publiquei uma lista dessas em um livro meu, intitulado *Extraterrestres*. Aconteceu em 2014, e nenhum dos planetas listados então (peguei os 12 primeiros da lista do Laboratório de Habitabilidade Planetária) aparece na lista com os 15 primeiros de 2023. Na ocasião, comentei a lista especulando se, em algumas décadas, alguém se depararia com o livro e se perguntaria por que nunca ouvira falar em nenhum daqueles planetas. De fato, nem uma década passada, e a lista já caducou.

Desta vez, mostrando algum amadurecimento, temos planetas listados aí que certamente serão mais populares e objeto de estudo detido no futuro. A começar por Proxima Centauri b, orbitando a estrela mais próxima do Sol, a 4,2 anos-luz daqui, e os planetas de TRAPPIST-1, a 41 anos-luz, mas em circunstâncias ideais para investigações detalhadas.

Outro fator que deve chamar a atenção nessa lista é que todos os planetas, exceto um, orbitam estrelas do tipo M, anãs vermelhas. Não é difícil entender as razões.

Em primeiro lugar, como vimos anteriormente, esses astros de pequeno porte são maioria absoluta entre todas as estrelas – cerca de três em cada quatro na Via Láctea (e, por extensão, no Universo) são anãs vermelhas.

Em segundo lugar, temos de nos lembrar dos vieses que emergem de nossos esforços de busca por exoplanetas. Estrelas menores sofrem, proporcionalmente, as maiores variações de brilho quando seus mundos transitam à frente delas, facilitando sua descoberta. Além disso, costumam ser sistemas menores, mais compactos, e órbitas mais curtas exigem menos tempo de observação para a confirmação de descobertas, seja por medição da variação de velocidade radial ou por fotometria de trânsitos.

Juntar essas duas informações, mais o ranking em si, nos levaria a pensar que nossa melhor aposta para encontrar exoplanetas de fato habitáveis está em torno dessas estrelas de pequeno porte. Mas essa é uma expectativa com enorme potencial para ser enganosa.

Há algumas peculiaridades que podem tornar os sistemas de estrelas M bastante inadequados para a vida, mesmo entre aqueles mundos que, conforme classificados pelo Índice de Similaridade com a Terra, recebem em média mais ou menos o mesmo nível de insolação que o nosso planeta.

Para começar, como a zona habitável dessas estrelas mais frias que o Sol é muito mais perto delas que a confortável distância de 1 unidade astronômica que guardamos de nosso astro-rei, é muito provável que a maioria desses planetas, senão todos, estejam com sua rotação gravitacionalmente travada. O que isso quer dizer? A exemplo da Lua em torno da Terra, e das grandes luas de Júpiter em torno daquele planeta, esses mundos provavelmente mantêm sempre a mesma face voltada para sua estrela.

Esse travamento gravitacional significa, na prática, que o planeta tem um hemisfério em que é sempre dia, e outro em que é sempre noite. Trata-se, decerto, de um contexto ambiental radicalmente diferente do que se apresenta aos habitantes da Terra. Ainda assim, modelos sugerem que a manutenção de habitabilidade nesses estranhos planetas talvez seja possível. Conta-se com a atmosfera para distribuir calor do lado iluminado para o lado escuro, e também há a possibilidade de que, mesmo que um dos lados seja quente demais, e o outro, excessivamente frio, haja um cinturão habitável na região do terminador (a linha que divide o dia e a noite).

O problema é que, para tudo isso acontecer, o planeta precisa ter uma atmosfera apreciável. E aí entra aquela que é a maior dúvida com relação a mundos que orbitam estrelas do tipo M. Esses pequenos sóis são frios, mas costumam ser muito ativos, especialmente em sua juventude (pense aí nos primeiros bilhões de anos de uma estrela que pode ultrapassar centenas de bilhões deles na sequência principal).

As explosões solares, eventos em que campos magnéticos levam uma torrente de partículas a ser ejetada do Sol na direção dos planetas, são um inconveniente menor aqui na Terra. Quando esse fluxo aumentado de radiação atinge nosso planeta, a magnetosfera terrestre dá conta de proteger a superfície, e o resultado mais comum é a produção de belas auroras nas regiões próximas aos polos. Mesmo nas explosões mais intensas, podemos ver danos (sérios até) em nossa infraestrutura moderna (redes elétricas e satélites em órbita), mas nada que ameace diretamente a vida e a habitabilidade de nosso planeta.

Agora, corta para uma anã vermelha, que tem atividade proporcionalmente maior que a do Sol e teria planetas na zona habitável a uma distância muito menor do que a Terra guarda do rei do Sistema Solar. Imensas doses de ultravioleta e raios X poderiam incidir sobre a superfície, esterilizando-a, e as torrentes de partículas ejetadas da estrela poderiam varrer completamente a atmosfera do planeta, obliterando-a.

Não seria de todo surpreendente se todos os mundos da lista apresentada poucas páginas atrás se revelem ao final estéreis e sem atmosfera apreciável. Porém, depois de tantas surpresas já encontradas apenas nas primeiras décadas de estudo de exoplanetas, os astrônomos preferem não antecipar julgamentos.

Há os que acreditam que de fato estrelas M são um mau lugar para procurar mundos habitáveis, e há os que apostam que a natureza pode ter encontrado seu jeito de produzir o improvável. Por exemplo, sabemos que estrelas M, apesar de seu começo mais furioso, vão se acalmando com o passar dos bilhões de anos. E também é meio consensual a essa altura que planetas passam por migrações, sobretudo durante as fases iniciais de formação do sistema. Não está fora do âmbito de possibilidades que planetas possam nascer mais distantes da estrela, preservando uma atmosfera, e depois se desloquem para a zona habitável, quando ela já estiver mais calma. Também é possível pensar que planetas tenham sua atmosfera varrida por completo sucessivas vezes até que sua estrela se acalme, quando então a atividade vulcânica nesses corpos planetários seria capaz de reconstituir um invólucro gasoso com durabilidade maior. O júri ainda não retornou com o veredito.

O pensamento mais conservador sobre habitabilidade hoje lembra um pouco o critério de julgamento de desfile de escolas de samba: eliminam-se a maior e a menor nota (ou seja, as estrelas M, de menor porte e mais frequentes, e as estrelas O e B, as de maior porte e mais raras) e ficamos com as do meio. Estrelas de tipo K talvez sejam as mais adequadas de todas, combinando nível de atividade similar ao do Sol,

6. CARACTERIZAÇÃO E HABITABILIDADE | 157

órbitas relativamente largas na zona habitável e vida útil entre 17 bilhões e 70 bilhões de anos. É muito mais tempo do que, por exemplo, uma estrela de tipo G, como o Sol, que, um pouco maior, tem vida útil ao redor de 10 bilhões de anos. Quanto mais tempo de relativa estabilidade no nível de radiação emitida, mais tempo há para que a vida possa florescer e evoluir em planetas habitáveis.

De forma inversa, estrelas do tipo F têm vida útil de apenas 2 bilhões a 4 bilhões de anos. Imagine se a Terra fosse um planeta habitável em torno de uma estrela desse tipo, um pouco maior que o Sol. Fosse esse o caso, você provavelmente não estaria lendo este livro, porque nosso planeta levou 4,5 bilhões de anos até que nós déssemos as caras nele. É verdade também que, embora os *Homo sapiens* sejam uma novidade recente na história da evolução, a vida em si começou muito antes, de forma que seria irrazoável descartar planetas ao redor de estrelas F como abrigos para vida de algum tipo, ainda que microbiana (é algo que também pouco nos ocorre, mas a Terra foi durante a maior parte da sua história um planeta habitado apenas por micróbios).

Chegamos, por fim, às estrelas de tipo A, que talvez sejam o fim da linha para a discussão sobre exoplanetas. Já há descobertas de exomundos em torno de astros assim, mas o fato é que essas estrelas vivem, quando muito, 1 bilhão de anos, o que as torna pouco convidativas até mesmo para o surgimento de biologia simples em planetas rochosos que estejam em sua zona habitável. Lembre também o que já dissemos no capítulo 2: a zona habitável se desloca com o passar do tempo, conforme a estrela envelhece e passa a brilhar um pouco mais. Quanto mais vida útil ela tem, mais devagar se dá esse movimento. Mas, no caso de uma estrela do tipo A, o deslocamento seria mais rápido que ao redor de um astro tipo G, como o Sol. Um planeta que nascesse em sua zona habitável provavelmente não estaria nela por tempo suficiente para o surgimento de uma biosfera estável e longeva.

Por fim, nos restam as estrelas realmente descartadas (ao menos até o momento), as de tipo B e O. Enormes, ultraquentes e com tempo de vida total que é medido com frequência em dezenas de milhões de anos, são tão brilhantes que os astrônomos não consideram possível que discos de acreção subsistam por tempo suficiente para a formação de planetas. É verdade que já tivemos surpresas antes, e hoje sabemos que esses mundos podem crescer bem mais depressa do que antes se supunha, mas ainda assim o consenso neste começo de década de 2020 é que estrelas desse tipo, ao menos por vias convencionais, não têm planetas (nada impede que elas capturem planetas errantes, ejetados de outros sistemas, com sua potente gravidade, e acabem com "filhos adotados", mas sabemos, de todo modo, que será uma existência breve para tudo que estiver ao seu redor quando elas detonarem como potentes supernovas).

Note, contudo, que aqui estamos trabalhando mais com inferências e especulações. Será que mesmo as maiores estrelas não podem produzir planetas? Será que as estrelas de tipo M têm mesmo sérias dificuldades para abrigar mundos habitáveis? Essas são perguntas que só poderemos responder ao adentrar a próxima fase da pesquisa de exoplanetas, em que começaremos a saltar dos parâmetros básicos de caracterização para observações que nos permitam detectar de forma direta dados como temperatura e composição da atmosfera. Felizmente, essa nova e fascinante era já está começando.

7. O Futuro dos Exoplanetas

A década de 2020 é provavelmente a mais empolgante no estudo de mundos extrassolares desde que eles começaram a ser descobertos, em 1995. Isso porque os astrônomos estão já começando a embarcar em uma jornada para de fato decifrar a natureza desses exoplanetas, indo além de parâmetros básicos como a massa e o diâmetro, que, como vimos, permitem uma estimativa razoável de composição e estrutura interna, mas ainda trazem muitas lacunas. Dois são os motivos: primeiro, muitos desses planetas não contam com semelhantes em nosso Sistema Solar para servir de referência e viabilizar o teste adequado de nossos hipotéticos modelos. Segundo, mesmo quando existe uma noção geral razoável da estrutura interna, ela é insuficiente para, por exemplo, distinguir Terra e Vênus. Fossem exoplanetas descobertos orbitando alguma estrela distante, nos pareceriam similares e, a despeito de a diferença de distância à estrela-mãe informar um pouco sobre qual deles tende a ser uma estufa inabitável e qual pode ser o mais aprazível para a vida, as incertezas permaneceriam.

Contudo, esse jogo está virando, e a grande ferramenta a permitir esse salto qualitativo no estudo dos exoplanetas é a espectroscopia. Já falamos anteriormente de como a luz emitida por corpos celestes distantes carrega consigo, ao ser decomposta em seu espectro, informações essenciais sobre a composição desses objetos. Cabe aqui distinguir duas categorias de análise espectroscópica: de emissão térmica e de transmissão. A de emissão térmica consiste em detectar a radiação emitida diretamente por um exoplaneta, em geral refletindo a luz de sua estrela, da mesma forma que podemos observar um dos planetas do Sistema Solar com um espectrógrafo acoplado a um telescópio e, na decomposição da luz, identificar a presença de certos elementos e compostos químicos, além de estimar a temperatura. Já a espectroscopia de transmissão é um pouco diferente e até mais fácil de detectar, ao menos quando temos exoplanetas que realizam trânsitos à frente de suas estrelas. Nesse caso, a ideia é observar a luz que, ao ser emitida por uma estrela, passa de raspão pela atmosfera do planeta, conforme ele transita à frente dela com relação a nós. Ao chegarem aqui, esses raios luminosos carregam consigo a "assinatura" das substâncias que encontraram pelo caminho.

Esse é um procedimento que já tem sido feito desde o começo do século 21, com os diversos telescópios em solo e no espaço que os astrônomos têm à disposição, notoriamente o Telescópio Espacial Hubble. E com eles os pesquisadores já conseguiram fazer a detecção de vários compostos na atmosfera de exoplanetas gigantes e mesmo de alguns mininetunos e superterras. Contudo, muitos desses mundos se revelaram possivelmente recobertos por nuvens densas, que atrapalham a detecção de traços relevantes na espectroscopia de transmissão (em essência, as nuvens bloqueiam

7. O FUTURO DOS EXOPLANETAS

161

a luz da estrela que passaria de raspão pela atmosfera com muita eficiência, reduzindo muito o potencial sinal a ser detectado).

Se, por um lado, equipamentos como o Hubble e o Spitzer (outro grande telescópio espacial da NASA, mas focado em infravermelho) nos deram alguns vislumbres da composição atmosférica de exoplanetas, a maior promessa repousa sobre os ombros do Telescópio Espacial James Webb. Lançado no fim de 2021, esse satélite tem o maior espelho primário já lançado ao espaço, com diâmetro de 6,5 metros. Ainda é modesto se comparado aos maiores telescópios de solo da Terra (à época de seu lançamento com espelhos da ordem de 10 metros), mas, com a vantagem de estar acima da atmosfera terrestre e ser mantido a temperaturas baixíssimas (apenas algumas dezenas de graus acima do zero absoluto), ele se torna inigualável para obter espectros em infravermelho.

Uma pequena – e incrível amostra – de seu poder veio em março de 2023, quando um grupo internacional de astrônomos liderados por Thomas P. Greene, do Centro Ames de Pesquisa da NASA, apresentou, em artigo publicado na *Nature*, a primeira emissão térmica de um exoplaneta do porte da Terra, o modesto TRAPPIST-1 b.

Já mencionamos o sistema TRAPPIST-1, com seus sete planetas rochosos em torno de uma anã vermelha a 41 anos-luz de distância, três dos quais na zona habitável da estrela (e dois deles na nossa lista dos 15 mais parecidos com o nosso, de acordo com o Índice de Similaridade com a Terra).

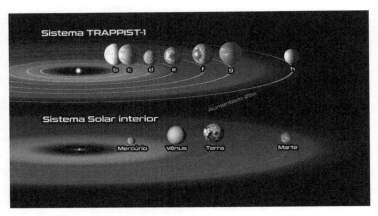

Figura 20. Uma comparação esquemática entre os planetas de TRAPPIST-1 e o Sistema Solar interno, com Mercúrio, Vênus, Terra e Marte; note como a zona habitável (e a distribuição dos planetas) é muito mais próxima da estrela em torno da anã vermelha que em torno da nossa anã amarela.

[CRÉDITO: NASA/JPL-Caltech]

Todos foram identificados pelo método do trânsito, o que significa dizer que passam periodicamente à frente da estrela com relação à Terra. Foi assim que o Webb conseguiu detectar a emissão de luz infravermelha do TRAPPIST-1 b. É impossível, mesmo para esse poderoso telescópio, detectar sua luz individualmente, mas é viável detectar um eclipse secundário, quando o planeta passa por trás da estrela – permitindo que o equipamento detecte apenas a luz estelar. Comparando-a à observação de quando ele está aos lados dela, ajudando a compor a luz total, é possível subtrair uma da outra e ficar só com o que é emitido do planeta.

Pois bem. Os resultados sugerem que o lado iluminado do planeta TRAPPIST-1 b tem uma temperatura de cerca de 500 Kelvin, o equivalente a 230 graus Celsius. A observação também não encontrou evidências de uma atmosfera para aquele mundo, o que não é de todo inesperado – primeiro porque medições anteriores feitas com os telescópios espaciais Hubble e Spitzer, menos capazes que o Webb, também não haviam encontrado sinais de um invólucro de ar. Segundo porque, como já discutimos no capítulo anterior, há um bocado de dúvidas sobre a capacidade de exoplanetas que orbitam anãs vermelhas de preservar uma atmosfera apreciável. É verdade que, em favor da estrela TRAPPIST-1, localizada na constelação de Aquário, há o fato de que é uma das mais calminhas do tipo já vistas e tem idade avançada (estimada em 7,6 bilhões de anos, com margem de erro grande, de 2,2 bilhões para mais ou para menos). Mas o passado deve ter sido diferente.

Como o planeta mais interno, TRAPPIST-1 b é o menos propício à preservação de uma atmosfera. Além disso, deve estar travado gravitacionalmente, de modo que a mesma face do planeta está sempre voltada para sua estrela. Sem uma atmosfera para distribuir calor do lado diurno para o noturno, a região noturna deve atingir temperaturas consideravelmente mais baixas que 0 grau Celsius.

Em junho de 2023, foi a vez de TRAPPIST-1 c, o segundo planeta, ser sondado pelo Webb. Sebastian Zieba, do Instituto Max Planck para Astronomia, na Alemanha, e colegas publicaram na *Nature* observações similares às feitas antes com o planeta mais interno, baseadas na observação do eclipse secundário. Mais uma vez, foi medida a emissão térmica do lado diurno, que experimenta temperaturas ao redor de 300 Kelvin, ou 107 graus Celsius.

O resultado também dissipou a esperança que os astrônomos tinham de detectar um planeta como Vênus, com efeito estufa descontrolado turbinado por uma atmosfera densa. As observações mais uma vez descartaram um invólucro gasoso apreciável. Se TRAPPIST-1 c tiver uma atmosfera, ela é muito rarefeita.

A ansiedade que compartilho com o leitor, bem como a curiosidade, é a de saber o que o Webb vai descobrir nos próximos meses e anos sobre os demais planetas de TRAPPIST-1. É em essência a hora da verdade para sabermos se anãs vermelhas podem ou não ter planetas potencialmente habitáveis. Como estamos falando de três em cada quatro estrelas no céu, é uma população enorme. Saber que pelo menos algumas delas podem ter mundos rochosos com atmosfera será, por si só, revolucionário. É o que abrirá caminho para procurarmos pela primeira vez evidências diretas de habitabilidade em mundos extrassolares (sem contar apenas com estimativas derivadas de nível de incidência de radiação e porte do planeta) e quem sabe até a busca por sinais de vida – na forma de alterações químicas no invólucro de ar desses mundos que só possam ser explicadas por processos biológicos (como é o caso da grande quantidade de oxigênio molecular na atmosfera terrestre, algo que não poderia existir não fosse a enorme quantidade de bactérias e plantas fazendo fotossíntese e convertendo dióxido de carbono em oxigênio por aqui). E, claro, essa é apenas uma das frentes em que a pesquisa de exoplanetas deve avançar, e muito, nos próximos anos.

Completando o censo

Em 2026, a ESA (Agência Espacial Europeia) planeja lançar ao espaço a missão Plato. Acrônimo para *PLAnetary Transits and Oscillations of stars* (mas obviamente uma referência ao filósofo grego Platão), a espaçonave promete

7. O FUTURO DOS EXOPLANETAS | 165

o próximo salto no campo da descoberta de exoplanetas, possivelmente replicando o sucesso do satélite Kepler, da NASA, mas agora com uma sensibilidade ainda maior, capaz de detectar análogos perfeitos da Terra. É algo que o Kepler quase conseguiu fazer, mas faltou um pouquinho de precisão. Estamos falando da possibilidade de detectar planetas com o tamanho da Terra realizando trânsitos à frente de estrelas do porte do Sol em órbitas similares à que a Terra realiza no Sistema Solar. Nenhum outro projeto a ser conduzido nesta década terá capacidade similar.

O design inovador da missão contará com 26 telescópios individuais que, juntos, colherão o equivalente à luz captada por um telescópio de 1 metro cobrindo um campo de visão 10 mil vezes maior que a área da Lua cheia. É uma região cerca de 20 vezes maior que a do Kepler. Com isso, o Plato deve monitorar até 1 milhão de estrelas em busca de sinais de trânsitos planetários. Esperamos alguns milhares de planetas descobertos, e uma precisão capaz de determinar seus diâmetros com margem de apenas 3% e massa com 10% (combinando os dados do satélite a medições de velocidade radial feitas por telescópios em solo).

Espera-se que a missão, que conta com participação brasileira (coordenada por Eduardo Janot-Pacheco, astrônomo do Instituto de Astronomia, Geofísica e Ciências Atmosféricas da Universidade de São Paulo), dure ao menos quatro anos, mas a espaçonave em si tem vida útil de 6,5 anos e haverá combustível a bordo para manter o projeto em andamento, caso nada pife, por 8,5 anos.

Os resultados, além de preencherem uma lacuna nas nossas estatísticas de exoplanetas (cobrindo estrelas mais brilhantes e órbitas mais longas), podem também nos ajudar com algo que até agora tem sido um ponto cego na pesquisa desses objetos: as exoluas.

Até agora, nossa capacidade para detectar satélites naturais ao redor de exoplanetas se mostrou deficitária. Não só a sensibilidade dos telescópios estudando trânsitos planetários parece insuficiente, como, também, os nossos métodos de processamento das observações em busca do sutil sinal que pode representar uma exolua.

O único candidato digno de nota até agora é tão bizarro que mostra o quanto *não* estivemos preparados para detectar exoluas. Em 2022, o grupo liderado por David Kipping, da Universidade de Columbia, nos EUA, apresentou na *Nature Astronomy* um esforço de análise de 70 exoplanetas gigantes detectados pelo método do trânsito.

A ideia era identificar pequenas variações na intensidade dos trânsitos, ou mesmo ocorrências discretas de trânsitos que antecedessem ou sucedessem o do planeta em si, possivelmente indicando a presença de luas em órbita. Dos 70 objetos analisados, só um pareceu trazer um resultado positivo: Kepler-1708 b, um planeta gigante gasoso do tamanho de Júpiter orbitando a 1,6 UA da sua estrela, parece ter uma candidata a exolua – com diâmetro 2,6 vezes o da Terra! Ninguém sabe explicar como uma exolua dessas, essencialmente um mininetuno, poderia ser produzida ao redor de um planeta do tamanho de Júpiter. Pode ser um mundo formado de maneira independente e capturado pela gravidade do astro maior? Até pode. É tão bizarro que os pesquisadores checaram a probabilidade de que o sinal seja um falso positivo e constataram que a chance de esse ser o caso é de 1% – pequena, mas não totalmente desprezável.

O fato de que somente esse caso extremo figura com destaque entre possíveis candidatos a exoluas mostra que

7. O FUTURO DOS EXOPLANETAS

167

a tecnologia ainda não chegou lá para detectá-las para valer – mas não há razão para imaginar que elas não estejam por aí, orbitando muitos exoplanetas.

O futuro do futuro e o estudo de outras terras

Há muitos projetos astronômicos em andamento que são de uso geral – para o estudo de todo tipo de objeto celeste –, mas devem agregar muito à pesquisa de exoplanetas. Entram aí nessa conta os telescópios de próxima geração em solo, com espelhos primários da ordem dos 30 metros, que devem começar a operar no final da década de 2020, começo da de 2030. O ELT (*Extremely Large Telescope*) é o maior deles, em construção no Cerro Amazones, no Chile. Projeto do ESO (Observatório Europeu do Sul), ele terá um espelho primário segmentado (em 798 partes!) com diâmetro de 39 metros, e deve receber a primeira luz (ainda para a calibração dos sistemas, antes do início das observações científicas) em 2027. O Brasil chegou a assinar um acordo em 2010 para fazer parte do consórcio do ESO, mas ele acabou não sendo ratificado. A despeito de a entrada do país não ter ido adiante, alguns frutos nasceram disso, como o desenvolvimento de um novo espectrógrafo de infravermelho para o observatório em La Silla, onde já opera o HARPS. Trata-se do NIRPS – sigla para *Near InfraRed Planet Searcher*, ou Buscador de Planetas no Infravermelho Próximo. Idealizado na Universidade Federal do Rio Grande do Norte, UFRN, sob a coordenação do astrônomo José Renan de Medeiros, o instrumento acabou construído por um consórcio internacional, que iniciou seu uso científico em abril de 2023. Com ele, os pesquisadores esperam não só descobrir novos exoplanetas em torno de anãs vermelhas como caracterizar outros já conhecidos, possivelmente até analisando suas atmosferas por meio de espectroscopia de transmissão.

Outro grande projeto a envolver o Brasil é o GMT (*Giant Magellan Telescope*), desenvolvido primariamente nos EUA (com envolvimento de várias universidades americanas), mas com parcerias com instituições coreanas, australianas e brasileiras (nosso pezinho na iniciativa vem por meio de uma participação da FAPESP, a Fundação de Amparo à Pesquisa do Estado de São Paulo). É um telescópio menor que o do ELT, com espelho primário de 24 metros, mas ainda assim com enorme potencial científico. Construído também no Chile, o GMT deve ter sua primeira luz em 2029.

Por fim, o TMT (*Thirty Meter Telescope*), com seus 30 metros de espelho primário, fica num tamanho intermediário entre o ELT e o GMT. Localizado (por enquanto) no Mauna Kea, Havaí, ele é o mais empacado dos três, em razão de oposição dos povos nativos do arquipélago, que não querem ver uma de suas montanhas sagradas se tornar sítio para mais um grande telescópio. A Suprema Corte do Havaí chegou a interromper sua construção em 2015, autorizando a continuidade em 2018, mas o projeto americano desenvolvido em parceria pela Universidade da Califórnia em Santa Cruz e o Caltech (Instituto de Tecnologia da Califórnia) segue andando a passos de tartaruga em razão da impopularidade local, e há discussões para que ele seja erguido em outro sítio. Embora o plano fosse ter a primeira luz em 2027, a essa altura é uma aposta razoável que ele será o último dos três a ficar pronto – se ficar.

Com uma enorme capacidade de colher luz a partir de seus espelhos gigantes, esses telescópios de próxima geração certamente farão maravilhas na pesquisa de exoplanetas,

7. O FUTURO DOS EXOPLANETAS

sobretudo com o foco na caracterização detalhada desses mundos, incluindo a composição de sua atmosfera.

No espaço, o próximo grande satélite astronômico de uso geral após o Webb será o Telescópio Espacial Roman, batizado em homenagem a Nancy Grace Roman (1925--2018), astrônoma americana que fez importantes contribuições científicas e foi chefe de astronomia da NASA nas décadas de 1960 e 1970. Seu lançamento é esperado para 2027, e ele lembrará um bocado o Hubble, ao menos no espelho primário, que terá o mesmo diâmetro, 2,4 metros. Contudo, o Roman terá um campo de visada muito mais amplo (o que quer dizer que será capaz de observar muito mais do céu a cada apontamento). É como ter um telescópio com a resolução do Hubble, mas capaz de observar uma região cem vezes maior. Com isso, terá potencial para descobrir exoplanetas não só por trânsitos, mas também por microlentes gravitacionais, que permitirão a detecção de astros com até umas poucas vezes a massa da Lua em órbita de suas estrelas. Também será muito útil para a detecção de planetas errantes (que foram ejetados de seus sistemas durante o caótico processo de formação ou em algum encontro gravitacional fortuito e agora vagam pela galáxia como astros desgarrados), atingindo sensibilidade capaz de detectar efeitos de massas tão modestas quanto a de Marte.

No campo da caracterização, o Roman será capaz de fazer imageamento direto de exoplanetas graças a um coronógrafo, que permitirá que ele produza fotos e espectros de planetas gigantes gasosos similares aos solares ao redor das estrelas vizinhas mais próximas.

Para além desses equipamentos de uso geral que apenas calharão de produzir resultados potencialmente espetaculares sobre exoplanetas, também teremos os projetos especificamente dedicados ao tema. Já falamos do europeu Plato, que será sucedido pelo Ariel (outro acrônimo, desta vez para *Atmospheric Remote-sensing Infrared Exoplanet Large-survey*). Diferentemente do Plato, ele tem por objetivo não descobrir novos mundos, mas sim caracterizar os já detectados, por meio de observações minuciosas de trânsitos e de espectros. A ser lançado em 2029, ele observará cerca de mil planetas e fará a primeira pesquisa de larga escala da química atmosférica desses objetos. O foco será em planetas com órbitas relativamente curtas.

E a década de 2030 promete ainda mais. A China, até então participante secundária na exploração dos exoplanetas, tem uma série de projetos (ainda por serem aprovados) que envolvem telescópios no espaço focados na caracterização de exoplanetas, em particular os de tipo terrestre em órbitas similares às da Terra em torno de estrelas como o Sol. Este também será o foco de um novo projeto anunciado em 2022 pela NASA, o Observatório de Mundos Habitáveis (*Habitable Worlds Observatory*). Ele está em fase de projeto no momento, mas deve explorar as tecnologias desenvolvidas para o Webb, desta vez para um telescópio capaz de observar em ultravioleta, luz visível e infravermelho próximo. Esse grande satélite, com custo estimado em US$ 11 bilhões, seria atualizável, como o Hubble, e pode vir a ser lançado no começo da década de 2040.

Se planetas de fato habitáveis existirem em torno de estrelas anãs vermelhas, não é impossível que o Webb traga evidências deles – e quiçá sinais de vida e até mesmo tecnologia, caso eles tenham algo ou alguém transformando sua atmosfera de forma significativa, como a vida em geral e os humanos em particular fazem com seu planeta – já na década de 2020. Se essas condições estiverem reservadas

7. O FUTURO DOS EXOPLANETAS

apenas a estrelas maiores, anãs laranjas (K) e amarelas (G), teremos de esperar um pouco mais, mas o caminho até lá já está bem mapeado, e será difícil chegarmos à metade do século 21 sem pelo menos um exoplaneta sabidamente adequado à vida e talvez proprietário de uma biosfera – como a Terra. O que fará um belo arco com as palavras lançadas por Giordano Bruno no século 16, lembrando o quanto a ciência é um empreendimento multigeracional e o quanto os humanos, apesar de seus incontáveis e sérios defeitos, são persistentes na busca pelo conhecimento.

Muitas descobertas empolgantes ainda estão por vir, conforme começamos a testar os limites da exploração remota desses mundos distantes e então sonhar com potenciais tecnologias para um dia visitá-los, ao menos com sondas robóticas (com as espaçonaves atuais, uma viagem até mesmo à estrela mais próxima levaria dezenas de milhares de anos, mas não faltam ideias e especulações aos físicos e engenheiros espaciais sobre como encurtar isso para pelo menos o tempo de vida de um ser humano).

Estamos no limiar de descobrir o contexto para a Terra no Universo. Seria o nosso planeta uma jóia rara ou apenas um exemplar de muitos, parecidos e espalhados pela Via Láctea? Quantos outros pálidos pontos azuis, para citar o epíteto poético de Carl Sagan, há lá fora? Em breve saberemos. Dessa forma, este livro pode até ter sido sua introdução ao tema dos exoplanetas, mas certamente não será a última vez que ouvirá falar deles.

Referências

ADAMS, Fred C.; LAUGHLIN, Gregory; GRAVES, Genevieve J. M. "Red dwarfs and the end of the main sequence". *Revista Mexicana de Astronomía y Astrofísica Serie de Conferencias*, v. 22, 2004.

ARAKAWA, Sota; KOKUBO, Eiichiro. "On the Number of Stars in the Sun's Birth Cluster". *Astronomy & Astrophysics*, v. 670, fev. 2023.

ASIMOV, Isaac. *Guide to Earth and Space*. Random House: 2011.

BATYGIN, K.; MORBIDELLI. A. "Formation of rocky super-earths from a narrow ring of planetesimals". *Nature Astronomy*, v. 7, 330-338, 2023.

BERGREEN, Laurence. *Viagem a Marte*. Objetiva: 2002.

BORUCKI, W.J., et al. "Characteristics of planetary candidates observed by Kepler, II: Analysis of the first four months of data". *The Astrophysical Journal*, v. 736, n. 1, 2011.

BOSS, Alan P. "Formation of Giant Planets by Disk Instability on Wide Orbits Around Protostars with Varied Masses". *The Astrophysical Journal*, v. 731, n. 1, 2011.

BRUNO, Giordano. *On the Infinite Universe and Worlds*. Veneza: 1584.

DACKE, Marie, et al. "Dung beetles use the milky way for orientation". *Current Biology*, v. 23, 4, 2013.

FERRIS, Timothy. *O despertar na Via Láctea*. Editora Campus: 1990.

FORWARD, Robert. "The stars our destination? The feasibility of interstellar travel". *The Planetary Report, Special Interstellar Flight Issue*, v. XXIII, n. 1, 2003.

FRIEDMAN, Louis. "To the Stars". *The Planetary Report, Special Interstellar Flight Issue*, v. XXIII, n. 1, 2003.

FULTON, Benjamin J., et al. "The California-Kepler Survey. III. A Gap in the Radius Distribution of Small Planets". *The Astronomical Journal*, v. 154, n. 3, 2017.

GALILEU, Galilei. *Sidereus Nuncius*. Veneza: 1610.

_____. *Diálogo sobre os dois máximos sistemas do mundo, ptolomaico e copernicano*. Discurso Editorial/FAPESP: 2001.

GREENE, Thomas P., et al. "Thermal emission from the earth-sized exoplanet TRAPPIST-1 b using JWST". *Nature*, v. 618, mar. 2023.

GRINSPOON, David. *Venus Revealed*. Perseus Publishing: 1997.

_____. *Lonely Planets*. HarperCollins: 2003.

HALLEY, J. Woods. *How Likely is Extraterrestrial Life?* Springer: 2012.

HOWARD, A.W. "Observed Properties of Extrasolar Planets". *Science*, v. 340, n. 6132, 2013.

IZIDORO, A., et al. "Terrestrial planet formation in a protoplanetary disk with a local mass depletion: a successful scenario for the formation of mars". *The Astrophysical Journal*, v. 782, n. 1, 2014.

IZIDORO, A., et al. "The exoplanet radius valley from gas-driven planet migration and breaking of resonant chains". *The Astrophysical Journal Letters*. v. 939, n. 2, 2022.

KEGERREIS, J.A., et al. "Immediate origin of the moon as a post-impact satellite". *The Astrophysical Journal Letters*, v. 937, n. 2, 2022.

KIPPING, David., et al. "An exomoon survey of 70 cool giant exoplanets and the new candidate Kepler-1708 b-i". *Nature Astronomy*, v. 6, pp. 367-380, 2022.

MAYOR, Michel; QUELOZ, Didier. "A Jupiter-mass companion to a solar-type star". *Nature*, v. 378, pp. 355-359, 1995.

MISHRA, L., et al. "Framework for the architecture of exoplanetary systems. I. Four classes of planetary system architecture". *Astronomy & Astrophysics*, v. 670, A68, 2023.

MISHRA, L., et al. "Framework for the architecture of exoplanetary systems. II. Nature versus nurture: Emergent formation pathways of architecture classes". *Astronomy & Astrophysics*, v. 670, A69, 2023.

NOGUEIRA, Salvador. *Extraterrestres*. Editora Abril: 2014.

OHKUBO, Takuya, et al. "Evolution of very massive Population III stars with mass accretion from pre-main sequence to colapse". *The Astrophysical Journal*, v. n. 706, 2, 2009.

PETIGURA, E. A., et al. "Prevalence of earth-size planets orbiting sun-like stars". *PNAS*, v. 110, n. 48, 2013.

SAGAN, Carl. *Pálido Ponto Azul*. Companhia das Letras: 1996.

_____. *Cosmos*. Editora Francisco Alves: 1983.

_____. *Bilhões e Bilhões*. Companhia das Letras: 1988.

SCHULZE-MAKUCH, D., et al. "A two-tiered approach to assessing the habitability of exoplanets". *Astrobiology*, v. 11, n. 10, 2011.

WARD, Peter; BROWNLEE, Donald. *Rare Earth*. Copernicus: 2000.

WEISS, Lauren M., et al. "The California-Kepler Survey. V. Peas in a Pod: Planets in a Kepler multi-planet system are similar in size and regularly spaced". *The Astronomical Journal*, v. 155, n. 1, 2018.

Coleção MyNews Explica

MyNews Explica Evangélicos na Política Brasileira – Magali Cunha
MyNews Explica Eleições Brasileiras – Luis Felipe Salomão e Daniel Vianna Vargas
MyNews Explica Budismo – Heródoto Barbeiro
MyNews Explica Pesquisas Eleitorais – Denilde Holzhacker
MyNews Explica a Rússia Face ao Ocidente – Paulo Visentini
MyNews Explica Sistema Imunológico e Vacinas – Gustavo Cabral
MyNews Explica Como Morar Legalmente nos Estados Unidos – Rodrigo Lins
MyNews Explica O Diabo - Edin Sued Abumanssur
MyNews Explica Buracos Negros – Thaísa Bergman
MyNews Explica Política nos EUA – Carlos Augusto Poggio
MyNews Explica Economia – Juliana Inhasz

Próximos lançamentos

MyNews Explica Algoritmos – Nina da Hora
MyNews Explica Sistemas de Governo – Denilde Holzhacker
MyNews Explica Astronomia – Cássio Barbosa
MyNews Explica Interculturalidade – Welder Lancieri Marchini
MyNews Explica Liberalismo – Joel Pinheiro da Fonseca
MyNews Explica Fascismo – Leandro Gonçalves; Odilon Caldeira Neto
MyNews Explica Integralismo – Leandro Gonçalves; Odilon Caldeira Neto
MyNews Explica Comunismo e Socialismo – Rodrigo Prando
MyNews Explica a Inflação – André Braz

MyNews Explica Relações Internacionais – Guilherme Casarões
MyNews Explica Nacionalismo x Globalização: a polarização do nosso tempo – Daniel Souza e Tanguy Baghadadi
MyNews Explica Estabilidade Mundial – Daniel Souza e Tanguy Baghadadi
MyNews Explica Mulheres na Política Brasileira – Manuela D'Avila
MyNews Explica HIV ou A Cura da Aids – Roberto Diaz
MyNews Explica Comportamento e Saúde Financeira – Jairo Bouer
Mynews Explica Galáxias Distantes – Ricardo Ogando
MyNews Explica Negacionismo – Sabine Righetti e Estevão Gamba
Mynews Explica Democracia – Creomar Souza
MyNews Explica Trabalho e Burnout – Jairo Bouer